建筑材料试验员基本技术

曹文达　主编

金盾出版社

内 容 提 要

本书主要内容包括建筑工程材料及试验基本知识,水泥和砂、石试验,建筑钢材试验,其他原材料试验,混凝土配合比设计及性能试验,混凝土外加剂试验,砌筑砂浆配合比设计及性能试验,防水材料性能试验,路面材料试验。

本书内容全面,资料详实,语言通俗易懂,是进行农村剩余劳动力转移培训、建设施工企业进行技术培训及再就业培训的理想参考资料。

图书在版编目(CIP)数据

建筑材料试验员基本技术/曹文达主编 . -- 北京 : 金盾出版社,2012.1

ISBN 978-7-5082-7017-3

Ⅰ.①建… Ⅱ.①曹… Ⅲ.①建筑材料—材料试验 Ⅳ.①TU502

中国版本图书馆 CIP 数据核字(2011)第 111546 号

金盾出版社出版、总发行

北京太平路 5 号(地铁万寿路站往南)

邮政编码:100036 电话:68214039 83219215

传真:68276683 网址:www.jdcbs.cn

封面印刷:北京精美彩色印刷有限公司

正文印刷:北京万博诚印刷有限公司

装订:北京万博诚印刷有限公司

各地新华书店经销

开本:850×1168 1/32 印张:10 字数:250 千字

2012 年 1 月第 1 版第 1 次印刷

印数:1～8 000 册 定价:25.00 元

(凡购买金盾出版社的图书,如有缺页、
倒页、脱页者,本社发行部负责调换)

前　言

　　近年来，我国经济建设规模不断扩大，建设工程不断采用新标准、新材料、新技术，对工程质量和安全也提出了更高的要求。因此，对建筑工程材料质量、性能的检验要求也逐年提高。特别是我国推行试验室认证制度以来，对于建筑工程试验室及其从业人员提出了更高的要求。

　　对建筑工程使用的各种材料进行质量检验，既是控制建筑施工质量的重要手段，又是工程竣工后质量验收的重要依据。保证建筑工程材料质量检验的科学性和准确性，以适应我国大规模经济建设的需要显得格外重要。对于建筑工程材料试验岗位的从业人员来讲，是否真正掌握建筑工程材料检验专业知识和技能是保证材料质量检验的科学性和准确性的关键。为此，对材料试验岗位的从业人员进行业务素质培训，使其真正掌握建筑工程材料检验专业知识和技能，也是提高其综合业务素质的重要途径。

　　自 20 世纪 80 年代后期以来，我国就十分重视对试验室从业人员的专业知识和技能的培训，全国各地的建设工程质量检测中心每年都组织大批的试验室从业人员培训和考试，并对持证上岗人员不断进行继续教育，提高试验室从业人员的业务素质。目前，这些人员已经成为建筑施工企业试验室的技术骨干,在经济建设中发挥着重要作用。

在新形势下,为了加强建筑工程试验的管理,提高新、老试验室从业人员的专业知识水平和操作技能,本书内容均采用新标准,涵盖了建筑材料试验从业人员应该掌握的理论知识及专业技能,使读者能有的放矢地学习掌握专业知识和实操技能。

作　者

目 录

第一章 建筑工程材料
及试验基本知识

第一节 建筑材料的基本性质

一、与质量有关的性质

(1)密度。材料在绝对密实状态下单位体积的质量称为密度，用下式表示：

$$\rho = \frac{m}{V}$$

式中　ρ——密度(g/cm³)；

　　　m——材料干燥时的质量(g)；

　　　V——材料的绝对密实体积(cm³)。

(2)表观密度。材料在自然状态下单位体积的质量称为表观密度，用下式表示：

$$\rho_0 = \frac{m}{V_0}$$

式中　ρ_0——表观密度(g/cm³)；

　　　m——材料干燥时的质量(g)；

　　　V_0——材料的绝对密实体积(cm³ 或 m³)。

表观密度值通常取气干状态下的数据，否则，应当注明是何种含水状态。

(3)堆积密度。散粒状材料在一定的疏松堆放状态下,单位体积的质量称为堆积密度,用下式表示:

$$\rho'_0 = \frac{m}{V'_0}$$

式中　ρ'_0——堆积密度(kg/m^3);

　　　m——材料的质量(kg);

　　　V'_0——散粒状材料的堆积体积(m^3)。

二、与耐久性有关的性质

1. 抗冻性

材料在吸水饱和状态下,经过多次冻结和融化作用(冻融循环)而不破坏,同时也不严重降低强度的性质称为抗冻性。通常采用$-15℃$的温度(水在微小的毛细管中低于$-15℃$才能冻结)冻结后,再在$20℃$的水中融化,这样的一个冻融过程称为一次循环。材料经多次冻融交替作用后,表面将出现剥落、裂纹,强度也将会降低。水在结冰时体积增大 9% 左右,对孔壁产生压力可达$100MPa$。在压力反复作用下,使孔壁开裂。材料冻融过程是由表及里逐层进行的。冻融循环次数越多,对材料的破坏作用也越严重。对于不同要求的抗冻材料,只要经过规定的冻融次数后,质量损失不大于 5%,强度降低不超过 25%,认为该材料已达到某等级的抗冻性要求。根据对材料的不同抗冻性要求,将材料划分为不同的抗冻标号,如 F_{10}、F_{15}、F_{25}、F_{50} 及 F_{100} 等,其右下角标注的数字为该材料能经受冻融循环的次数。

2. 抗渗性

材料抵抗水、油等液体压力作用渗透的性质称为抗渗性(不透水性),以渗透系数 K 表示。

材料抗渗性的好坏主要与材料的孔隙率及孔隙特征有关。密实材料或具有封闭孔隙的材料不会产生透水现象。材料的抗渗性对地下建筑物、水工构筑物影响较大。

材料抗渗性还可以用抗渗标号(P)表示。抗渗标号(P)是指在规定试验条件下,压力水不能透过试件厚度在端面上呈现水迹所能承受的最大水压力。混凝土的抗渗标号是以每组六个试件中四个未出现渗水时的最大水压表示,如 P8 表示混凝土承受0.8MPa 水压时无渗水现象。

三、材料的强度

1. 强度的概念

材料在外力(荷载)作用下抵抗破坏的能力称为强度。材料的强度与它的成分、构造有关。不同种类的材料,有不同抵抗外力的能力;同一种材料随其孔隙率及构造特征不同,强度也有较大差异。一般情况下,表观密度越小,孔隙率越大的材料,强度越低。

强度是材料主要技术性能之一。不同材料或同种材料的强度,可按规定的标准试验方法通过试验确定。材料可根据其强度值的大小划分为若干标号或等级。

2. 强度的分类

材料所受的外力主要有拉力、压力、弯曲力和剪力等,材料抵抗这些外力破坏的能力,分别称为抗拉、抗压、抗弯强度和抗剪强度,如图 1-1 所示。

(1)材料抗拉、抗压、抗剪强度可按下式计算:

$$f = \frac{F}{A}$$

式中　f ——抗拉、抗压、抗剪强度(MPa);

　　　F ——材料受拉、压、剪破坏时的荷载(N);

　　　A ——材料的受力面积(mm^2)。

(2)材料的抗弯强度(也称抗折强度)与材料受力情况有关。如果受力是简支梁形式的,对矩形截面试件,抗弯强度可按下式计算:

3

$$f_{\mathrm{m}} = \frac{3FL}{2bh^2}$$

式中　f_{m}——抗弯强度（MPa）；

　　　F——受弯时破坏荷载（N）；

　　　L——两支点间的距离（mm）；

　　b、h——材料截面的宽度、高度（mm）。

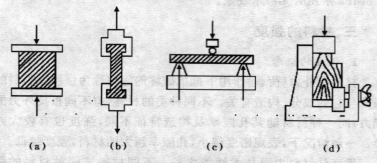

图 1-1　材料承受各种外力的情况

（a）抗压　（b）抗拉　（c）抗弯　（d）抗剪

第二节　材料试验常用的计量单位

一、国际单位制的基本单位

国际单位制的基本单位见表 1-1。

表 1-1　国际单位制的基本单位

量的名称	单位名称	单位符号
长　度	米	m
质　量	千克（公斤）	kg

续表 1-1

量的名称	单位名称	单位符号
时　间	秒	s
电　流	安(培)	A
热力学温度	开(尔文)	K
物质的量	摩(尔)	mol
发光强度	坎(德拉)	cd

二、国家选用的非国际单位制单位

国家选用的非国际单位制单位见表 1-2。

表 1-2　国家选用的非国际单位制单位

量的名称	单位名称	单位符号	换算关系和说明
时　间	分	min	1min=60s
	(小)时	h	1h=60min=3600s
	天(日)	d	1d=24h=86400s

三、常用倍数单位

常用倍数单位见表 1-3。

表 1-3　常用倍数单位

所表示的因素	词头名称	词头符号
10^6	兆	M
10^3	千	k
10^2	百	h
10^1	十	da

续表 1-3

所表示的因素	词头名称	词头符号
10^{-1}	分	d
10^{-2}	厘	c
10^{-3}	毫	m
10^{-6}	微	μ

第三节 材料试验结果的数值修约

一、数值修约的有效位数

所谓数值修约的有效位数是指从非零数字最左一位向右数而得到的位数。

例：6.2,0.62,0.062 均为二位有效位数；0.0620 为三位有效位数；10.00 为四位有效位数。

二、数值修约的进舍规则

（1）拟舍弃数字的最右一位数字小于 5 时，则舍去，即保留的各位数字不变。

例：将 15.245 修约到一位小数，得 15.2。

（2）拟舍弃数字的最右一位数字大于 5 或者是 5，而其后跟有并非全部为 0 的数字时，则进一，即保留的末位数字加 1。

例：将 13.68 修约到个位数，得 14；将 16.502 修约到个位数，得 17。

（3）拟舍弃数字的最右一位数字为 5，而后面无数字或皆为 0 时，若所保留的末位数字为奇数(1,3,5,7,9)则进一，为偶数(2,4,

6,8,0)则舍弃。

例:将 0.450 修约到一位小数,得 0.5;将 0.0425 修约成两位有效数字,得 0.042。

(4)负数修约时,先将它的绝对值按前三条规定进行修约,然后在修约值前面加上负号。

例:将 −36.5 修约成两位有效数字,得 −36;将 −235 修约到"十"位数,即得 −24×10。

(5)关于 0.5 单位修约。所谓 0.5 单位修约是指修约间隔为指定位数的 0.5 单位。是先将拟修约数值乘以 2,按指定数位依照进舍规则修约,所得数值再除以 2。

例:将下列数字修约到个位数的 0.5 单位。

拟修约数值(A)	乘 2(2A)	2A 修约值	A 修约值
60.25	120.5	120	60.0
60.38	120.76	121	60.5
−60.75	−121.50	−122	−61.0

三、国家法定计量单位

我国计量法明确规定:国家实行法定计量单位制度。

计量法规定:"国家采用国际单位制。国际单位制计量单位和国家选定的其他计量单位,为国家法定计量单位。"

第四节　混凝土强度标准差及变异系数的计算

一、混凝土立方抗压强度标准差的计算

计算公式:

$$\delta_{fcu} = \sqrt{\frac{\sum_{i=1}^{N} f_{cu,i}^2 - N\mu_{fcu}^2}{N-1}}$$

式中　δ_{fcu}——混凝土立方体抗压强度标准差（N/mm²）；

　　　$f_{cu,i}$——第 i 组混凝土试件的立方体抗压强度（N/mm²）；

　　　N——一个验收批混凝土试件的组数；

　　　μ_{fcu}——N 组混凝土试件立方体抗压强度的平均值（N/mm²）。

二、混凝土立方抗压强度变异系数的计算

计算公式：

$$\sigma_b = \frac{\sigma_6}{\mu_{fcu}} \times 100\%$$

式中　σ_b——盘内混凝土的变异系数；

　　　σ_6——盘内混凝土的标准差（N/mm²）；

　　　μ_{fcu}——统计周期内 N 组混凝土试件立方体抗压强度的平均值（N/mm²）。

第五节　材料试验（检验）与标准

对所用建筑材料进行合格检验，是确保建筑工程质量的重要环节。加强建筑工程质量管理的规定明确地提出，对于无出厂合格证明和没有按规定复试的原材料，一律不准使用。施工现场配制的材料，均应由实验室确定配合比，制定出操作方法和检查标准后，方能使用，各项材料的检验结果是施工及验收必备的技术依据。

对于购进的原材料或制品，如水泥、砖和油毡等，作为商品供给，必须进行验收检验；对于现场加工、配制的材料，如冷拉钢筋、

混凝土和砂浆等,属于本企业的加工品或产品,尤其要进行质量控制和检验。

建筑材料检验的内容通常包括:检验出厂合格证明,核对及检查规格型号、外观指标测定和实验室试验等。在进行各项检验时,必须严格按规定抽取试样。建筑材料检验的依据是各项有关的技术标准、规程、规范和技术规定。

目前主要建筑材料都有统一的技术标准。标准的主要内容包括材质和检验两大方面,有的将这两个方面合订在同一个标准中;有的则分成两个或几个标准。现场配制的一些材料,它们的原材料要符合相应的建材标准,制成成品的检验往往包含于施工验收规范和规程之中。由于标准的分工越来越细和相互引用渗透,一种材料的检验经常要涉及多个标准、规程和规定。我国的技术标准,过去曾分为国家标准、部标准和企业标准三级;后来由于将部标准向专业标准过渡,又增颁了专业标准。同时,提倡并颁发了内控标准。目前,又重新划分为国家标准、行业标准、地方标准和企业标准。各种标准规定的代号见表1-4。

表 1-4　各种标准规定的代号

种类标准		代　号	表示顺序(例)
1	国家标准 GB	GB 强制性标准 GB/T 推荐性标准 GBn 内部标准	代号、标准编号、颁布年代(GB 175—2007)
2	行业标准 (部标准) 按原部标准代号	JC 建材行业强制性标准 JC/T 建材行业推荐性标准 YB 冶金行业强制性标准 YB/T 冶金行业推荐性标准	代号、标准编号、颁布年代(JC/T 738—2004)

续表 1-4

种类标准		代　号	表示顺序（例）
3	地方标准 DB	DB 地方强制性标准 DB/T 地方推荐性标准	代号、省、市、自治区行政区号、标准号、颁布年代（DB 14323—1991）
	企业标准 QB	QB	代号/企业代号、顺序号、颁布年代（QB/203413 —1992）

注：行业标准代号，按规定的汉语拼音字码表示，如化工行业为 HG、林业行业为 LB、交通行业为 JT 等，不再逐一标出。

第二章 水泥和砂、石试验

第一节 水泥试验

一、工程用水泥的有关规定

1. **工程用水泥实行准用证制度**

工程使用的水泥应符合《准用证》规定，并有生产厂家的出厂质量证明书，主要内容包括厂名、品种、出厂日期、出厂编号和试验数据。

工程使用的水泥为下列情况之一的，必须进行复试，并提供试验报告：

(1)用于承重结构的水泥。

(2)用于使用部位有强度等级要求的水泥。

(3)水泥出厂超过三个月(快硬硅酸盐水泥为一个月)。

(4)进口水泥。

2. **通用水泥的标志**

(1)袋装水泥。在水泥袋上应清楚注明厂名、生产许可证号、品种名称、代号和强度等级，以及包装年、月、日和编号。掺火山灰质混合材料的水泥还应标上"掺火山灰"字样。在包装袋两侧应印有水泥名称和强度等级，硅酸盐水泥和普通水泥印刷的是红色，矿渣水泥印刷的是绿色，火山灰质水泥和粉煤灰水泥印刷的是黑色。

(2)散装水泥。散装水泥应提供与袋装水泥标志相同的卡片。

3. 通用硅酸盐水泥品种、代号及强度等级

通用硅酸盐水泥品种、代号及强度等级见表 2-1,通用硅酸盐水泥的组分见表 2-2。

表 2-1　通用硅酸盐水泥品种、代号及强度等级

通用硅酸盐水泥品种	代　号	水泥强度等级							
硅酸盐水泥	P·(Ⅰ、Ⅱ)	—	—	42.5	42.5R	52.5	52.5R	62.5	62.5R
普通硅酸盐水泥	P·O	32.5	32.5R	42.5	42.5R	52.5	52.5R		
矿渣硅酸盐水泥	P·S(A、B)	32.5	32.5R	42.5	42.5R	52.5	52.5R		
火山灰质硅酸盐水泥	P·P	32.5	32.5R	42.5	42.5R	52.5	52.5R		
粉煤灰硅酸盐水泥	P·F	32.5	32.5R	42.5	42.5R	52.5	52.5R		
复合硅酸盐水泥	P·C	32.5	32.5R	42.5	42.5R	52.5	52.5R		

表 2-2　通用硅酸盐水泥的组分

通用硅酸盐水泥品种	代　号	水泥强度等级				
		熟料＋石膏	高炉矿渣	火山灰	粉煤灰	石灰石
硅酸盐水泥	P.Ⅰ	100	—	—	—	
	P.Ⅱ	≥95	≤5%	—	—	
		≥95	—	—	—	≤5%
普通硅酸盐水泥	P.O	≥80且＜95	>5且≤20			
矿渣硅酸盐水泥	P.S.A	≥50且＜80	>20且≤50			
	P.S.B	≥30且＜50	>50且≤70			
火山灰质硅酸盐水泥	P.P	≥60且＜80		>20且≤40		
粉煤灰硅酸盐水泥	P.F	≥60且＜80			>20且≤40	
复合硅酸盐水泥	P.C	≥50且＜80	>20且≤50			

二、通用水泥必试项目及取样方法

(一)通用水泥的必试项目及有关标准

(1)《通用硅酸盐水泥》(GB 175—2007)。

(2)《水泥化学分析方法》(GB/T 176—2008)。

(3)《水泥胶砂强度检验方法》(GB/T 17671—1999)。

(4)《水泥细度检验方法(80μm 筛筛析法)》(GB 1345—2005)。

(5)《水泥比表面积测定法　勃氏法》(GB/T 8074—2008)。

(6)《水泥标准稠度用水量、凝结时间、安定性检验方法》(GB/T 1346—2001)。

(7)《水泥胶砂流动度测定方法》(GB/T 2419—2005)。

(8)《水泥强度快速检验方法》(JC/T 738—2004)。

(9)《水泥取样方法》(GB/T 12573—2008)。

(10)《民用建筑工程室内环境污染控制规范》(GB 50325—2001)。

(二)通用水泥试验的取样方法、数量的有关规定

1. 手工取样

(1)散装水泥。对同一水泥厂生产的同期出厂的同品种、同强度等级的水泥,以一次进厂(场)的同一出厂编号的水泥为一批。但一批的总量不得超过 500t。随机从不少于 3 个车罐中各采取等量水泥,经混合搅拌均匀后,再从中称取不少于 12kg 水泥作为检验试样。取样采用"槽形管状取样器"(图 2-1),通过转动取样器内管控制开关,在适当位置插入水泥一定深度,关闭后小心抽出。将所取样品放入洁净、干燥、不易受污染的容器中。

(2)袋装水泥。对同一水泥厂生产的同期出厂的同品种、同强度等级的水泥,以一次过厂(场)的同一出厂编号的水泥为一批。但一批的总量不得 200t。随机地从不少于 20 袋中各采取等量

水泥,经混拌均匀后,再从中称取不少于 12kg 水泥作为检验试样。取样采用取样管(图 2-2),将取样管插入水泥适当深度,用大拇指按住气孔,小心抽出取样管,将所取样品放入洁净、干燥、不易受污染的容器中。

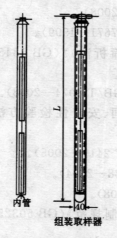

内管
组装取样器

图 2-1　散装水泥取样管

(槽形管状取样器)

$L = 1000 \sim 2000 (\text{mm})$

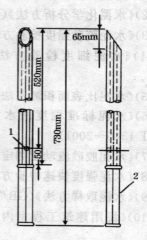

图 2-2　袋装水泥取样器

(取样管)

1. 气孔　2. 手柄

材质:黄铜,气孔和壁厚尺寸自定

2. 自动取样

采用自动抽样机抽样。该装置尽量安装在接近水泥包装机或散装容器的管路中。从流动水泥流中取出样品。将所取样品放入洁净、干燥、防潮、密闭、不易破损的容器中。封存样要加封条。每次抽取的单样量应尽量一致。

3. 取样数量

(1)混合样的取样量应符合相关水泥标准要求。

(2)分割样的取样量按下列规定:

14

①袋装水泥：每 1/10 编号从一袋中取不少于 6kg 水泥。

②散装水泥：每 1/10 编号在 5min 内取不少于 6kg 水泥。

（三）通用水泥必试项目及试验方法

1. 水泥胶砂强度的检验

（1）材料。

①当试验水泥从取样至试验间隔时间在 20h 以上时，应把它储存在基本装满和气密的容器里，这个容器应不与水泥起反应。

②标准砂应符合《水泥胶砂强度检验方法》（GB/T 17671—1999）的质量要求。

③仲裁试验或其他重要试验需用蒸馏水，其他试验可用饮用水。

（2）试验温度、湿度。

①水泥试体成型试验温度为（20±2）℃，相对湿度大于 90%。水泥试样、标准砂、拌和水及试模的温度与室温相同。

②养护箱温度（20±1）℃，相对湿度大于 90%。养护水的温度（20±1）℃。

③温度、湿度记录每天不少于 2 次。

（3）试体成型。

①成型前将试模擦净，四周的模板与底座的接触面上应涂黄油，紧密装配，防止漏浆，内壁均匀刷一薄层机油。

②水泥与标准砂的重量比为 1：3，水灰比为 0.5。

③每成型三条试体需称量的材料及用量见表 2-3。

④胶砂搅拌时先把水加入锅里，再加入水泥，把锅放在固定架上，上升至固定位置。然后立即开动机器，低速搅拌 30s 后，在第 2 个 30s 开始的时候同时均匀地加入砂子。当各级砂是分装时，从最粗粒级开始，依次将所需的每级砂量加完。把机器转至高速再拌 30s。

表 2-3　材料用量表　　　　　（单位:g）

材　料	用　量
水　泥	450±2
标准砂	1350±5
拌和水	225±1

停拌 90s,在第 1 个 15s 内用一胶皮刮具将叶片和锅壁上的胶砂刮入锅中间。在高速下继续搅拌 60s。各个搅拌阶段,时间误差应在±1s 内。

⑤将空试模和模套固定在振实台上,用一个适当勺子直接从搅拌锅里将胶砂分两层装入试模,装第一层时,每个槽里约放 300g 胶砂,用大播料器垂直架在模套顶部沿每个模槽来回一次将料层播平,接着振实 60 次。再装入第二层胶砂,用小播料器播平,再振实 60 次。移走模套,从振实台上取下试模,用一金属直尺以近似 90°的角度架在试模模顶的一端,然后沿试模长度方向以横向锯割动作慢慢向另一端移动,一次将超过试模部分的胶砂刮去,并用同一直尺以近乎水平的情况下将试体表面抹平。在试模上作标记或加字条标明试件编号和试件相对于振实台的位置。

⑥试验前或更换水泥品种时,搅拌锅、叶片和下料漏斗等应抹擦干净。

(4)试件的养护。

①脱模前的处理和养护:先去掉留在模子四周的胶砂。立即将做好标记的试模放入雾室或湿箱的水平架子上养护,湿空气应能与试模各边接触。养护时不应将试模放在其他试模上。一直养护到规定的脱模时间时取出脱模。脱模前,用防水墨汁或颜料笔对试体进行编号和做其他标记。两个龄期以上的试体,在编号时应将同一试模中的三条试体分在两个以上龄期内。

②脱模：脱模应非常小心，对于 24h 龄期的，应在破型试验前 20min 内脱模；对于 24h 以上的龄期的，应在成型后（24±2）h 之间脱模。

注：如经 24h 养护，会因脱模对强度造成损害时，可以延迟至 24h 以后脱模，但在试验报告中应予说明。

已确定作为 20h 龄期试验（或其他不下水直接做试验）的已脱模试体，应用湿布覆盖至做试验时为止。

③水中养护：将做好标记的试件立即水平或竖立放在 20℃±1℃ 水中养护，水平放置时刮平面应朝上。试件放在不易腐烂的篦子上，试件间保持一定的间距，使水与试件的六个面接触。养护期间试件之间间隔或试件上表面的水深不得小于 5mm（**注：不宜用木篦子**）。

每个养护池只养护同类型的水泥试件。

最初用自来水装满养护池（或容器），随后随时加水保持适当的恒定水位，不允许在养护期间全部换水。

除 20h 龄期或延迟至 48h 脱模的试体外，任何到龄期的试体应在试验（破型）前 15min 从水中取出。取出后擦去试体表面沉积物，并用湿布覆盖至试验为止。

（5）强度试验。

①各龄期的试体必须在下列时间内进行强度试验，试体龄期是从水泥加水搅拌开始试验时算起。

龄期	时间
3d	3d±45min
28d	28d±8h

②抗折强度试验：每龄期取出三条试体先做抗折强度试验。试验前须擦去试体表面的附着水分和砂粒，清除夹具上圆柱表面粘着的杂物，试体放入抗折夹具内，应使侧面与圆柱接触。采用杠杆式抗折试验机时，试体放入前，应使杠杆成平衡状态。试体放入

后调整夹具,使杠杆在试体折断时尽可能地接近平衡位置。抗折试验加荷速度为(50±10)N/s。

③抗压强度试验:抗折试验后的两个断块应立即进行抗压试验。抗压试验须用抗压夹具进行,试体受压面为 40mm×40mm。试验前应清除试体受压面与加压板间的砂粒和杂物。试验时以试体的侧面作为受压面,试体的底面应靠紧夹具定位销。并使夹具对准压力机压板中心。压力机加荷速度应控制在(2400±200)N/s 范围内,在接近破坏时更应严格控制。

2. 水泥安定性的测定

(1)标准稠度用水量的测定。

1)试验方法:标准稠度用水量的测定分为标准法和代用法,标准法采用调整用水量法,代用法有调整用水量法和不变用水量法。

采用调整用水量方法时拌和水量按经验找水,采用不变用水量方法拌和水量 142.5ml。

2)试验前的准备:

①维卡仪的金属棒能自由滑动。

②采用标准法时,调整至试杆接触玻璃板时指针对准零点;采用代用法时,调整至试锥接触锥模顶面时指针对准零点。

③搅拌机运行正常。

3)水泥净浆的拌制:用水泥净浆搅拌机搅拌。搅拌锅和搅拌叶片先用湿布擦过,将拌和水倒入搅拌锅内,然后在 5~10s 内小心将称好的 500g 水泥加入水中,防止水和水泥溅出;拌和时,先将锅放在搅拌机的锅座上,升至搅拌位置,启动搅拌机,低速搅拌120s,停 15s,同时将叶片和锅壁上的水泥浆刮入锅中间,接着高速搅拌 120s 后停机。

4)标准稠度用水量的测定步骤:

①标准法:拌和结束后,立即将拌制好的水泥净浆装入已置于玻璃板上的试模中,用小刀插捣,轻轻振动数次,刮去多余的净

浆;抹平后迅速将试模和底板移到维卡仪上,并将其中心定在试杆下,降低试杆直至与水泥净浆表面接触,拧紧螺钉1~2s后突然放松,使试杆垂直自由地沉入水泥净浆中。在试杆停止沉入或释放试杆30s时记录试杆与底板之间的距离,升起试杆后,立即擦净;整个操作应在搅拌后1.5min内完成,以试杆沉入净浆并距底板(6±1)mm的水泥净浆为标准稠度净浆。其拌和水量为该水泥的标准稠度用水量(P),按水泥质量的百分比计。

②代用法:拌和结束后,立即将拌制好的水泥净浆装入锥模中,用小刀插捣,轻轻振动数次,刮去多余的净浆;抹平后迅速放到试锥下面固定的位置上,将试锥降至净浆的表面,拧紧螺钉1~2s后突然放松,让试锥垂直自由地沉入水泥净浆中。到试锥停止沉入或释放试杆30s时记录试锥下沉深度。整个操作应在搅拌后1.5min内完成。

用调整用水量方法测定时,以试锥下沉深度(28±2)mm时的净浆为标准稠度净浆,其拌和水量为该水泥的标准稠度用水量(P),按水泥质量的百分比计。如下沉深度超出范围需另称试样,调整水量,重新试验,直至达到(28±2)mm为止。

用不变水量方法测定时,根据测得的试锥下沉深度S(mm)按以下公式(或仪器上对应标尺)计算得到标准稠度用水量P(%):

$$P = 33.4 - 0.185S$$

当试锥下沉深度小于13mm时,应改用调整水量测定。

(2)安定性的测定。

①安定性的测定方法:测定方法分为标准法(雷氏法)和代用法(饼法)。雷氏法是测定水泥净浆在雷氏夹中沸煮后的膨胀值。饼法是观察水泥净浆试饼沸煮后的外形变化来检验水泥的体积安定性。

②测定前的准备工作:若采用雷氏法时每个雷氏夹需配备两块质量为75~85g的玻璃板;若采用饼法时一个样品需准备一个

面积为 100mm×100mm 的玻璃板。每种方法每个试样需成型两个试件。凡与水泥净浆接触的玻璃板和雷氏夹表面都要稍稍涂上一层油。

③水泥标准稠度净浆的制备:以标准稠度用水量加水泥制成标准稠度净浆(同标准稠度用水量测定的水泥净浆拌制方法)。用不变水量法测得的标准稠度用水量,还需测试下沉深度,若不满足要求,应重新进行调整。

④试饼的成型方法:将制好的净浆取出一部分分成两等份,使之呈球形,放在预先准备的玻璃板上,轻轻振动玻璃板,并用湿布擦过的小刀由边缘向中央抹动,做成直径为 70~80mm、中心厚约10mm、边缘渐薄、表面光滑的试饼,接着将试饼放入标准养护箱内养护(24±2)h。

⑤沸煮:调整好沸煮箱内的水位,保证在整个沸煮过程中水都没过试件,不需中途添补试验用水,同时又保证在(30±5)min 内加热至沸腾。

当用饼法时,先检查试饼是否完整(如已开裂翘曲要检查原因,确证无外因时,该试饼已属不合格,不必沸煮),在试饼无缺陷的情况下将试饼放在沸煮箱的水中篦板上,然后在(30±5)min 内加热至沸,并恒沸 3h±5min。

当用雷氏法时,先测量试件指针尖端间的距离(A),精确到0.5mm,接着将试件放入水中篦板上,指针朝上,试件之间互不交叉,然后在(30±5)min 内加热至沸腾,并恒沸 3h+5min。

3. 凝结时间的测定

(1)测定前的准备工作。调整凝结时间测定仪的试针在接触玻璃板时,指针应对准零点。

(2)试件的制备。以标准稠度用水量制成标准稠度净浆一次装满试模,数次刮平,立即放入标准养护箱中。记录水泥全部加入水中的时间作为凝结时间的起始时间。

（3）初凝时间的测定。试件在标准养护箱内养护至起始时间之后 30min 时进行第一次测定。测定时,从标准养护箱中取出试模放到试针下,降低试针与水泥净浆表面接触。拧紧螺钉 1～2s 后突然放松,使试针垂直自由地沉入水泥净浆中。观察试针停止沉入或释放试杆 30s 时指针的读数。当试针沉至距底板（4±1）mm 时,水泥达到初凝状态;由水泥全部加入水中至初凝状态的时间为水泥的初凝时间,用"min"表示。

（4）终凝时间的测定。为了准确观察试针沉入的状况,在终凝针上安装了一个环行附件。在完成初凝时间测定后,立即将试模连同浆体以平移的方式从玻璃板上取下,翻转 180°,直径大端向上,小端向下放在玻璃板上,再放入标准养护箱中继续养护,临近终凝时间时每隔时 15min 测定一次,试针沉入试体 0.5mm 时,即环行附件开始不能在试体上留下痕迹时,水泥达到终凝状态。

（5）测定时的注意事项。在最初测定操作时应轻轻扶持金属柱,使其徐徐下降,以防试针撞弯,但结果以自由下落为准;在整个测试过程中试针沉入的位置至少要距试模 10mm。临近初凝时,每隔 5min 测定一次;临近终凝时每隔 15min 测定一次,到达初凝或终凝时应立即重复测试一次,当两次结论相同时才能定为初凝或终凝状态。每次测定不能让试针落入原孔,每次测试完毕须将试针擦干净,并将试模放回标准养护箱内,整个测试过程要防止试模振动。

注:可以使用能得出与标准中规定方法相同结果的凝结时间自动测定仪,使用时不必翻转试体。

4. 胶砂流动度的测定

（1）胶砂的制备。一次试验应称取材料数量为:水泥 300g,标准砂 750g,水按预定的水灰比进行计算。也可按《水泥胶砂强度检验方法》（GB 17671—1999）规定称量水泥和标准砂。胶砂搅拌方法与水泥胶砂强度检验方法相同。

(2)在拌和胶砂的同时,用湿布抹擦跳桌台面、捣棒、试锥圆模和套模内壁,并把它们置于玻璃板中心,盖上湿布。

(3)将拌好的水泥胶砂迅速地分两层装入模内,第一层装至圆锥模高的 2/3,用小刀在垂直两方向划实约 10 余次,再用圆柱捣棒自边缘向中心均匀捣压 15 次。接着装第二层胶砂,装至高出圆锥模约 20mm,同样用小刀划实约 10 余次。再用圆柱捣棒自边缘向中心均匀捣压 10 次。捣压深度:第一层捣至胶砂高度的 1/2,第二层捣至不超过已捣实的底层表面(装胶砂与捣实时用手将截锥圆模扶持不要移动)。

(4)捣实完毕,取下模套,用小刀将高出截锥圆模的胶砂刮去并抹平,抹平后将圆模垂直向上轻轻提起,手握手轮摇柄以每秒约一转的速度,连续摇动 30 转。

(5)跳动完毕,用卡尺测量水泥胶砂底部扩散后的直径,取相互垂直的两直径的平均值为该水量时的水泥胶砂的流动度,用"mm"表示。

(四)常用水泥必试项目的试验计算

水泥胶砂强度计算:

$$R_f = 1.5 F_f L/b^3$$

式中 R_f——抗折强度(N/mm²);

  F_f——破坏荷载(N);

  b ——试件正方形截面边长;

  L ——支撑圆柱中心距为 100mm。

抗折强度计算应精确至 0.1 N/mm²。

抗压强度:

$$R_c = F/A$$

式中 R_c——抗压强度(N/mm²);

  F ——破坏荷载(N);

A ——受压面积,即 $40mm \times 40mm$。

抗压强度计算应精确至 $0.1N/mm^2$。

(五)常用水泥必试项目试验结果的评定

1. 水泥胶砂强度试验评定

(1)抗折强度的评定。以 3 个试体平均值试验结果。当 3 个强度值中其中 1 个值超过平均值的 ±10% 时,应剔除后再平均作为抗折强度的试验结果;若有两个值超过平均值的 ±10% 时,则试验结果视为无效,应重新进行试验。

(2)抗压强度的评定。以一组三个棱柱体上得到的 6 个抗压强度值的算术平均值为试验结果。如 6 个测定值中有 1 个值超出 6 个平均值的 ±10% 时,就应剔除这个试验结果,而以剩下 5 个的平均数为结果。如果 5 个测定值中再有超过它们平均值的 ±10%,则此组试验结果作废。

(3)水泥强度的评定。抗折、抗压强度均满足该组强度等级要求,方可评为符合该强度等级的要求,并应按委托强度等级评定。水泥各龄期最低值见表 2-4。

表 2-4　常用水泥各龄期强度

品　种	强度等级	抗压强度(N/mm²)		抗折强度(N/mm²)	
		3d	28d	3d	28d
硅酸盐水泥	42.5	17.0	42.5	3.5	6.5
	42.5R	22.0	42.5	4.0	6.5
	52.5	23.0	52.5	4.0	7.0
	52.5R	27.0	52.5	5.0	7.0
	62.5	28.0	62.5	5.0	8.0
	62.5R	32.0	62.5	5.5	8.0

续表 2-4

品　种	强度等级	抗压强度（N/mm²）		抗折强度（N/mm²）	
		3d	28d	3d	28d
普通硅酸盐水泥 复合硅酸盐水泥	32.5	11.0	32.5	2.5	5.5
	32.5R	16.0	32.5	3.5	5.5
	42.5	16.0	42.5	3.5	6.5
	42.5R	21.0	42.5	4.0	6.5
	52.5	22.0	52.5	4.0	7.0
	52.5R	26.0	52.5	5.0	7.0
矿渣硅酸盐水泥 火山灰质硅酸盐水泥 粉煤灰硅酸盐水泥	32.5	10.0	32.5	2.5	5.5
	32.5R	15.0	32.5	3.5	5.5
	42.5	15.0	42.5	4.0	6.5
	42.5R	19.0	42.5	4.0	6.5
	52.5	21.0	52.5	4.0	7.0
	52.5R	23.0	52.5	4.5	7.0

2. 水泥安定性试验评定

沸煮结束，即放掉箱中的热水，打开箱盖，待箱体冷却至室温，取出试件进行判别。若为试饼，目测未发现裂缝，用直尺检查也没有弯曲的试饼为安定性合格，反之为不合格。如果两个试饼判别有矛盾时，则该水泥的安定性试验为不合格。

若用雷氏夹，测量试件指针尖端的距离（C），准确至 0.5mm，当两个试件煮后增加距离（$C-A$）的平均值不大于 5.0mm 时，即认为该水泥安定性合格，当两个试件的（$C-A$）值相差超过 4mm 时，应用同一样品立即重做一次试验。试验结果还是如此，则认为该水泥安定性不合格。

3. 判定水泥试验结果是否合格的有关规定

(1)废品的判定。对硅酸盐水泥、普通硅酸盐水泥、矿渣硅酸盐水泥、火山灰质硅酸盐水泥、粉煤灰硅酸盐水泥和复合硅酸盐水泥,凡氧化镁、三氧化硫、初凝时间、安定性中任何一项不符合该标准规定时,均判为废品。

(2)不合格品的判定。对硅酸盐水泥、普通硅酸盐水泥、矿渣硅酸盐水泥、火山灰质硅酸盐水泥、粉煤灰硅酸盐水泥和复合硅酸盐水泥,凡细度、终凝时间、不溶物和烧失量中的任何一项不符合该标准规定或混合材料掺量超过最大限量和强度低于商品标号规定指标时,应判为不合格品。

另外,硅酸盐水泥、普通硅酸盐水泥、矿渣硅酸盐水泥、火山灰质硅酸盐水泥、粉煤灰硅酸盐水泥水泥包装标志中的水泥品种、名称和出厂编号不全的也属于不合格品。

(六)水泥强度快速检验方法的适用范围及预测 28d 标准强度的计算公式

1. 水泥强度快速检验方法的适用范围

适用于硅酸盐水泥、普通硅酸盐水泥、矿渣硅酸盐水泥、火山灰质硅酸盐水泥、粉煤灰硅酸盐水泥和复合硅酸盐水泥的生产及使用的质量控制指标,但不能作为水泥品质鉴定的最终结果。

2. 预测 28d 标准强度的计算公式

$$f_{cu,28} = A + Bf_k$$

式中　$f_{cu,28}$——预测水泥 28d 标准强度(N/mm^2);

f_k——快测的水泥抗压强度(N/mm^2);

A、B ——待定常数。

(七)常用水泥的适用范围和技术标准

1. 常用水泥的适用范围(表2-5)

2. 常用水泥的技术标准(表2-6～表2-9)

表 2-5 常用水泥的适用范围

名称	硅酸盐水泥 (P·Ⅰ、P·Ⅱ)	普通水泥 (P·O)	矿渣水泥 (P·S)	火山灰水泥 (P·P)	粉煤灰水泥 (P·F)
适用范围	配制地上地下及水中的混凝土；钢筋混凝土及预应力钢筋混凝土，包括受循环冻融的结构及早期强度要求较高的工程；配制建筑砂浆	与硅酸盐水泥基本相同	大体积工程；高温车间和有耐热耐火要求的混凝土结构；蒸汽养护构件；一般地上、地下和水中的混凝土及钢筋混凝土结构；有抗硫酸盐侵蚀要求的混凝土工程；配制建筑砂浆	地下、水中大体积混凝土结构；有抗渗要求的工程；蒸汽养护的构件；有抗硫酸盐侵蚀要求的工程；一般混凝土及钢筋混凝土工程；配制建筑砂浆	地上、地下、水中大体积混凝土工程；蒸汽养护的构件；抗裂性要求较高的构件；有抗硫酸盐侵蚀要求的工程；一般混凝土工程；配制建筑砂浆
不适用处	大体积混凝土工程；受化学及海水侵蚀的混凝土工程；长期受压力水流动水作用的混凝土工程	同硅酸盐水泥	早期强度要求较高的混凝土工程；有抗冻要求的混凝土工程	早期强度要求较高的混凝土工程；有抗冻要求的混凝土工程；干燥环境的混凝土工程；有耐磨性要求的工程	早期强度要求较高的混凝土工程；有抗冻要求的混凝土工程；有抗碳化要求的混凝土工程

表 2-6　硅酸盐水泥的物理化学指标

项　目		不溶物 (%)	烧失量 (%)	SO₃ (%)	细度 (m²/kg)	凝结时间		安定性	MgO (%)
						初凝 (min)	终凝 (min)		
指标	Ⅰ型	≤0.75	≤3.0	3.5	≥300	>45	<390	合格	≤5
	Ⅱ型	≤1.5	≤3.5						

表 2-7　普通水泥物理化学指标

项　目	烧失量 (%)	SO₃ (%)	细度 (%)	凝结时间		安定性	MgO (%)
				初凝(min)	终凝(h)		
指标	≤5.0	3.5	≤10	>45	<10	合　格	≤5

表 2-8　矿渣、火山灰、粉煤灰硅酸盐水泥物理化学指标

项　目	烧失量 (%)	SO₃(%)		细度 (%)	凝结时间		安定性	MgO (%)
		P·S	P·P R·F		初凝 (min)	终凝 (h)		
指标	≤5.0	4	3.5	≤10	≥45	<10	合　格	≤5

表 2-9　复合水泥物理化学指标

项　目	细度 80μm 筛余(%)	凝结时间		安定性	熟料 MgO (%)	水泥 SO₃ (%)
		初凝(min)	终凝(h)			
指　标	≤10	≥45	≤10	合　格	≤5.0	≤3.5

3. 常用水泥的放射性限量规定（表 2-10）。

表 2-10　常用水泥的放射性限量规定

测 定 项 目	限　量
内照射指数	≤1.0
外照射指数	≤1.0

第二节 砂、石试验

一、砂试验

(一)砂试验的取样

1. 砂试验的依据标准

砂试验的依据标准有《普通混凝土用砂质量标准及检验方法》《建筑用砂》(GB/T 14684—2011)、《人工砂应用技术规程》(DBJ/T 01—65—2002)。

2. 砂子试验的取样方法和数量

(1)砂试验应以同一产地,同一规格、同一进厂(场)时间,每400m³ 或 600t 为一验收批,不足 400m³ 或 600t 也为一验收批。

(2)每一验收批取样一组,天然砂数量为每组 22kg,人工砂为每组 52kg。

(3)取样方法。

①在料堆上取样时,取样部位均匀分布,取样时应先将取样部位表面铲除,然后由各部位抽取大致相等的试样 8 份(天然砂每份11kg 以上,人工砂每份 26kg 以上)搅拌均匀后用四分法缩分至22kg 或 56kg 组成一个试样。

②从带式运输机上取样时,应在带式运输机机尾的出料处用接料器定时抽取试样,并由 4 份试样(天然砂每份 22kg 以上,人工砂每份 52kg 以上)搅拌均匀后用四分法缩分至 22kg 或 52kg 组成一个试样。

(4)建筑施工企业应按单位工程分别取样。

(5)构件厂、搅拌站应在砂进厂(场)时取样,并根据储存、使用情况定期复验。

（二）砂试验必试项目及试验方法

1. 必试项目

（1）天然砂。筛分析，含泥量，泥块含量。

（2）人工砂。筛分析，石粉含量（含亚甲蓝试验），泥块含量，压碎指标。

2. 试验方法

（1）筛分析。

①按人工四分法缩分试样：将所取每个样品置于平板上，在潮湿状态下拌和均匀，并堆成厚度约为 20mm 的"圆饼"，接着沿互相垂直的两条直径把"圆饼"分成大致相等的四份，取其对角的两份重新拌匀，再堆成"圆饼"。然后重复上述过程，直至缩分后的材料量略多于进行试验所需的量约 100g 为止。

②用于筛分析的试样，颗粒粒径不应大于 10mm。试验前应先将试样通过 10mm 筛，并算出筛余百分率。然后称取每份不少于 550g 的试样两份，分别倒入两个浅盘中，在（105±5）℃的温度下烘干到恒重，冷却至室温备用。

注：恒重是指相邻两次称量间隔不小于 3h 的情况下，前后两次称量之差小于该项试验所要求的称量精度。

③准确称取烘干试样 500g，置于按筛孔大小（大孔在上、小孔在下）顺序排列的套筛自最上一只筛（即 4.75mm 筛孔筛）上，将套筛装入摇筛机内固紧，筛分时间为 10min 左右。然后取出套筛，再按筛孔大小顺序，在清洁的浅盘上逐个进行手筛，直至每分钟的筛出量不超过试样总量的 0.1% 时为止，通过的颗粒并入下一个筛，并和下一个筛中试样一起过筛，按此顺序进行，直至每个筛全部筛完为止。

④仲裁时，试样在各号筛上的筛余量均不得超过公式（1）计算的量：

$$m_r = \frac{A\sqrt{d}}{300} \tag{1}$$

生产控制时不得超过公式(2):

$$m_r = \frac{A\sqrt{d}}{200} \tag{2}$$

式中　m_r——在一个筛上的筛余量(g);

　　　d——筛孔尺寸(mm);

　　　A——筛的面积(mm^2)。

否则应将该筛余试样分成两份,再进行筛分,并以其筛余量之和作为筛余量。

⑤称取各筛筛余试样重量(精确至1g),所有各筛的分计筛余量和底盘中剩余量的总和与筛分前的试样总量相比,其差不得超过1%。

(2)含泥量试验与石粉含量试验。

1)标准方法(淘洗法):

①试样制备应符合下列规定:将样品在潮湿状态下用四分法缩分至约1100g,置于温度为(105±5)℃的烘箱中烘干至恒重,冷却至室温后,立即称取两份500g(m_0)的试样备用。

②含泥量试验应按以下步骤进行:

a. 取拱干的试样一份置于容器中,并注入饮用水,使水面高出砂面约150mm,充分拌混均匀后浸泡2h,然后用手在水中淘洗试样,使尘屑、淤泥和黏土与砂粒分离,并使之悬浮或溶于水中。缓缓地将浑浊液倒入1.18mm及75μm的套筛上(1.18mm筛放置上面),滤去小于75μm的颗粒。试验前筛子的两面应先用水润湿,在整个试验过程中应注意避免砂粒丢失。

b. 再次加水于筒中,重复上述过程,直至筒内的水清澈为止。

c. 用水冲洗剩留的筛上的细粒。并将75μm的筛放在水中(使水面略高出筛中砂粒的上表回)来回摇动,以充分洗除小于

30

75μm 的颗粒。然后将两只筛上剩留的颗粒和筒中已经洗净的试样一并装入浊盘,叠手温度为(105±5)℃的烘箱中烘干至恒重。取出来冷却至室温后,称试样的重量(m_1)。

2)虹吸管方法:

①试样制备应按标准方法的规定采用。

②含泥量试验应按下列步骤进行:

a. 称取烘干试样约 500g(m_0)。置于容器中,并注入饮用水,使水面高出砂面约 150mm,浸泡 2h,浸泡过程中每隔一段时间搅拌一次,使尘屑、淤泥和黏土与砂分离。

b. 用搅拌棒搅拌约 1min(单方向旋转),以适当宽度和高度的闸板闸水,使水停止旋转。经 20~25s 后取出闸板,然后从上到下用虹吸管细心地将浑浊液吸出,虹吸管吸口的最低位置应距离砂面不小于 30mm。

c. 再倒入清水,重复上述过程,直到吸出的水与清水的颜色基本一致为止。

d. 最后将容器中的清水吸出,把洗净的试样倒入浅盘并在(105±5)℃的烘箱中烘干至恒重取出,冷却到室温后称砂重(m_1)。

(3)泥块含量试验。

1)泥块制备规定:将样品在潮湿状态上用四分法缩分至约 5000g,置于温度为(105±5)℃的烘箱中烘干至恒重,取出冷却到室温后,用 1.18mm 筛筛分,取筛上的砂 400g 分为两份备用。

2)泥块含量试验步骤:

①称取试样约 200g(m_1)。置于容器中,并注入饮用水,使水面高出砂面约 150mm,充分拌混均匀后,浸泡 24h,然后用手在水中碾碎泥块,再把试样放在 0.600mm 筛上,用水淘洗,直至水清澈为止。

②保留下来的试样应小心地从筛里取出,装入浅盘后,置于温度为(105±5)℃的烘箱中烘干至恒重,取出冷却后称重(m_2)。

(4)亚甲蓝试验。

1)试剂和材料：

①亚甲蓝：($C_{16}H_{18}CIN_3S \cdot 3H_2O$)含量≥95%。

②亚甲蓝溶液：将亚甲蓝粉末在(105 ± 5)℃下烘干至恒重(要注意，烘干温度不得超过105℃，否则，亚甲蓝粉末会变质)，称取烘干亚甲蓝粉末10g，精确至0.01g，倒入盛有约600mL蒸馏水(水温加热至35~40℃)的烧杯中，用玻璃棒持续搅拌40min，直至亚甲蓝粉末完全溶解，冷却至20℃。将溶液倒入1L容量瓶中，用蒸馏水淋洗烧杯等，使所有亚甲蓝溶液全部移入容量瓶，容量瓶和溶液的温度应保持在(20 ± 1)℃，加蒸馏水至容量瓶1L刻度。振荡容量瓶以保持亚甲蓝粉末完全溶解。将容量瓶溶液移入深色储藏瓶中，标明制备日期，失效日期(亚甲蓝溶液保质期应不超过28d)并置于阴暗处保存。

③定量滤纸：快速。

2)试验步骤：

①亚甲蓝MB值的测定：

a. 将试样缩分至约400g，放在烘箱中于(105 ± 5)℃下烘干至恒重，待冷却至室温后，筛除大于2.36mm的颗粒备用。

b. 称取试样200g，精确至0.1g。将试样倒入盛有(500 ± 5)mL蒸馏水的烧杯中，用叶轮搅拌机以(600 ± 60)rpm转速搅拌5min，使之成悬浮液，然后持续以(400 ± 40)rpm转速搅拌，直至试验结束。

c. 悬浮液中加入5mL亚甲蓝溶液，以(400 ± 40)rpm转速搅拌至少8min后，用玻璃棒蘸取一滴悬浮液(所取悬浮液应使沉淀物直径在8~12mm内)，滴于滤纸(滤纸要置于空烧杯或其他合适的支撑物上，以使滤纸表面不与任何固体或液体接触)上。若沉淀物周围未出现色晕，再加入5mL亚甲蓝溶液，继续搅拌1min，再用玻璃棒蘸取一滴悬浮液，滴于滤纸上，若沉淀物周围仍未出现色晕。重复上述步骤,直至沉淀物周围出现 1mm 的稳定浅蓝色色晕。此时,应继续搅拌,不加亚甲蓝溶液,每 1min 进行一次沾染试验。若色晕在 4min 内消失,再加入 5mL 亚甲蓝溶液,若色晕在第 5min 消失,再加入 2mL 亚甲蓝溶液。两种情况下,均应继续进行搅拌合沾染试验,直至色晕可持续 5min。

d. 记录色晕持续 5min 时所加入的亚甲蓝溶液总体积,精确至 1mL。

②亚甲蓝的快速试验

a. 按①a. 制样。

b. 按①b. 搅拌。

c. 一次性向烧杯中加入 30mL 亚甲蓝溶液,以 (400±40)rpm转速搅拌 8min,然后用玻璃棒蘸取一滴悬浮液,滴于滤纸上,观察沉淀物周围是否出现明显色晕。

(5)压碎指标试验。

①按规定取样 27kg,用四分缩分法至 8kg 左右,放在烘箱中于 (105±5)℃下烘干至恒重,待冷却至室温后,筛除 4.75mm 及小于 300μm 的颗粒,然后筛分成 300～600μm;0.6～1.18mm;1.18～2.36mm 及 2.36～4.75mm 四个粒级,每级 1000g 备用。

②称取单粒级试样 330g,精确至 1g。试样倒入已经组装好的受压钢模内,使试样距底盘面的高度约为 50mm。整平钢模内试样的表面,将加压块放入圆筒内,转动一周使之与试样均匀接触。

③将装好试样的受压钢模置于压力机的支承板上,对准压板中心后,开动机器,以每秒钟 500N 的速度加荷。加荷至 25kN 时,稳荷 5s 后,以同样速度卸荷。

④取下受压模,移去加压块,倒出压过的试样,然后用该粒级的下限筛(如粒级为 2.36～4.75mm,则其下限筛指孔径为 2.36mm 的筛)进行筛分,称出试样的筛余量和通过量,均精确至 1g。

33

3. 砂试验必试项目试验结果的计算

(1)筛分析试验结果计算。

①计算分计筛余百分率(各筛上的筛余量除以试样总量的百分率),精确至 0.1%。

②计算累计筛余百分率(各筛上的分计筛余百分率与大于该筛的各筛上的分计筛余百分率之和),精确至 1%。

③根据各筛上的累计筛余百分率评定该试样的颗粒级配分布情况。

④按下式计算砂的细度模数 μ_f(精确至 0.01):

$$\mu_f = \frac{(\beta_2 + \beta_3 + \beta_4 + \beta_5 + \beta_6) - 5\beta_1}{100 - \beta_1}$$

式中　　β_1、β_2、β_3、β_4、β_5、β_6——4.75mm、2.36mm、1.18mm、0.6mm、0.3mm、0.15mm 各筛上的累计筛余百分率。

(2)含泥量计算。含泥量 ω_c 按下式计算(精确至 0.1%):

$$\omega_c = \frac{m_0 - m_1}{m_0} \times 100\%$$

式中　　m_0——试验前的烘干试样重量(g);

　　　　m_1——试验后的烘干试样重量(g)。

(3)泥块含量 $\omega_{c,1}$ 计算。

$$\omega_{c,1} = \frac{m_1 - m_2}{m_1} \times 100\%$$

式中　　m_1——试验前的烘干试样重量(g);

　　　　m_2——试验后的烘干试样重量(g)。

(4)亚甲蓝 MB 值计算。

$$MB = \frac{V}{G} \times 10$$

式中　　MB——亚甲蓝值(g/kg),表示每千克(0~2.36)mm 粒径试样所消耗的亚甲蓝克数;

G ——试样质量(g)；

V ——所加入的亚甲蓝溶液的总量(mL)；

10 ——用于每千克试样消耗的亚甲蓝溶液体积换算成亚甲蓝质量(g)。

(5)压碎指标结果计算。第 i 粒级砂样的压碎指标按下式计算：

$$Y_i = \frac{G_2}{G_1 + G_2} \times 100\%$$

式中　G_1 ——试样的筛余量(g)；

G_2 ——试样的通过量(g)。

第 i 粒级砂样的压碎指标值,取三次试验的算术平均值,精确至 1%。

4. 砂试验必试项目试验结果评定

(1)筛分析试验评定。

①筛分析试验应采用两个试样平行试验。细度模数以两次试验结果的算术平均值为测定值(精确至 0.1)。如两次试验所得的细度模数之差大于 0.20 时,应重新取样进行试验。

②砂按 0.600mm 筛孔的累计筛余量(以重量百分率计,下同),分成三个级配区(表 2-11)。砂的颗粒级配应处于表中的任何一个区内。

表 2-11　砂颗粒级配区的规定

筛孔尺寸	1 区	2 区	3 区
	累计筛余量(%)		
9.50mm	0	0	0
4.75mm	10～0	10～0	10～0
2.36mm	35～5	25～0	15～0
1.18mm	65～35	50～10	25～0

续表 2-11

筛孔尺寸	1 区	2 区	3 区
	累计筛余量(%)		
0.600mm	85～71	70～41	40～16
0.300mm	95～80	92～70	85～55
0.150mm	100～90	100～90	100～90

砂的实际颗粒级配与表中所列的累计筛余百分率相比,除 4.75mm 和 0.600mm 外,允许稍有超出分界线,但其总量百分率不应大于 5%。

(2)含泥量试验评定。

①以两次试验结果的算术平均值为测定值,两次结果的差值大于 0.5%时,该试验无效,应重新取样进行试验。

②天然砂中含泥量按表 2-12 评定。

表 2-12 砂中含泥量及泥块含量限值

混凝土强度等级	≥C30	<C30
含泥量(按质量计,%)	≤3.0	≤5.0
泥块含量(按质量计,%)	≤1.0	≤2.0

注:有抗冻、抗渗或其他特殊要求的混凝土用砂,含泥量应不大于 3.0%。泥块含量应不大于 1.0%。对于 C10 和 C10 以下的混凝土用砂,根据水泥强度其含泥量和泥块含量可予以放宽。

③人工砂中石粉含量规定按表 2-13 评定。

(3)泥块含量试验评定。

①以两次试验结果的算术平均值为测定值,两次结果的差值大于 0.4%时,该试验无效,应重新取样进行试验。

②天然砂中泥块含量按表 2-12 评定。

③人工砂中泥块含量按表 2-13 评定。

表 2-13 人工砂中石粉及泥块含量规定

项 目			类 别	Ⅰ类	Ⅱ类	Ⅲ类
			MB 值	≤0.5	≤1.0	≤1.4 或合格
1	亚甲蓝试验	*MB* 值 <1.40 或合格	石粉含量（按质量计%）	<3.0	<5.0	<7.0
2			泥块含量（按质量计%）	<0	<1.0	<2.0
3		*MB* 值 ≥1.40 或不合格	石粉含量（按质量计%）	<1.0	<3.0	<5.0
4			泥块含量（按质量计%）	<0	<1.0	<2.0

注：根据使用地区和用途，在试验验证的基础上，可由供需双方协商确定。

（4）亚甲蓝快速试验结果评定。若沉淀物周围出现明显色晕，则判定亚甲蓝快速试验为合格，若沉淀物周围未出现明显色晕，则判定亚甲蓝快速试验为不合格。

（5）人工砂压碎指标试验结果评定。单粒级中最大的压碎指标值为其压碎指标值。人工砂压碎指标应符合表 2-14 的规定：

表 2-14 人工砂压碎指标限值

项 目	类 别	Ⅰ类	Ⅱ类	Ⅲ类
单粒级最大压碎指标（%）		<20	<25	<30

5. 砂子细度模数的划分

（1）粗砂。细度模数 $\mu_f = 3.7 \sim 3.1$。

（2）中砂。细度模数 $\mu_f = 3.0 \sim 2.3$。

(3)细砂。细度模数 $\mu_f = 2.2 \sim 1.6$。

6. 普通混凝土用砂的质量要求

(1)供货单位应提供产品合格证及质量检验报告。

(2)配制混凝土时宜优先选用Ⅱ区中砂;当采用Ⅰ区砂时,应提高砂率,并保证足够的水泥用量,以满足混凝土的和易性;当采用Ⅲ区砂时,应降低砂率,以保证混凝土的强度。

对于泵送混凝土用砂,宜选用中砂。当天然砂颗粒级配不符合要求时,应采取措施,经试验证明,能确保工程质量,方允许使用,当人工砂颗粒级配不合格,不允许使用,可通知厂家改进。

(3)对含泥量(泥块含量),石粉含量和压碎指标不合格的砂,不允许在相应的混凝土中使用。

(4)砂不应混有草根、树叶、塑料品、煤渣、炉渣等杂物。砂中如含有云母、轻物质、有机物、硫化物及硫酸盐、氯化物等,其含量应符合表 2-15 的规定。

表 2-15　砂中的有害物质含量的限值

项　　目	砂		
	Ⅰ类	Ⅱ类	Ⅲ类
云母(按质量计,%)	<1.0	<2.0	<2.0
轻物质(按质量计,%)	<1.0	<1.0	<1.0
有机物(比色法)	合格	合格	合格
硫酸盐及硫化物(按 SO_3 质量计)	<0.5	<0.5	<0.5
氯化物(以 Cl^- 质量计,%)	<0.01	<0.02	<0.06

(5)砂的坚固性。天然砂采用硫酸钠溶液法进行试验,砂样经 5 次循环后其质量损失应符合表 2-16 的规定。

表 2-16 天然砂坚固性指标

项 目 \ 类 别	Ⅰ类	Ⅱ类	Ⅲ类
质量损失（%）	8	8	10

（6）对重要工程混凝土使用的砂，应采用砂浆长度法进行集料的碱活性试验。经检验判断为有潜在危害时，应采取下列措施：

①使用含碱量小于 0.6% 的水泥或采用能抑制碱-集料反应的掺和料。

②当使用含钾、钠离子的外加剂时，必须进行专门试验。

（7）砂的放射性指标限量应符合表 2-17 的规定。

表 2-17 砂的放射性指标限量

测定项目	限 量
内照射指数	≤1.0
外照射指数	≤1.0

二、石子试验

（一）石子（碎石、卵石）试验的取样方法和数量

1. 石子试验依据的标准

石子试验依据的标准有《普通混凝土用碎石或卵石质量标准及检验方法》（JGJ 53—1992）、《建筑用卵石、碎石》（GB/T 14685—2001）。

2. 碎（卵）石试验的取样方法和数量的规定

（1）碎（卵）石试验应以同一产地，同一规格、同一进厂（场）时间，每 400m³ 或 600t 为一验收批，不足 400m³ 或 600t 亦为一验

收批。

(2)每一验收批取样一组,数量 40kg(最大粒径≤20mm)或 80kg(最大粒径为 40mm)。

(3)取样方法。

①在料堆上取样时,取样部位均匀分布,取样先将取样部位表层铲除,然后由各部位抽取大致相等的石子 15 份(在堆料的顶部、中部和底部各由均匀分布的 5 个不同部位取得)组成一组试样。

②从带式运输机上取样时,应在带式运输机机尾的出料处用接料器定时抽取 8 份石子,组成一组试样。

③建筑施工企业应按单位工程分别取样。

(4)构件厂、搅拌站应在进厂(场)时取样,并根据储存、使用情况定期复验。

(二)碎(卵)石必试项目及试验方法

1. 碎(卵)石必试项目

(1)筛分析。

(2)含泥量。

(3)泥块含量。

(4)针状和片状颗粒的总含量。

(5)压碎指标值。对于混凝土强度等级大于或等于 C50 的混凝土用碎(卵)石应在使用前先做压碎指标值检验;对于混凝土强度等级小于 C50 的混凝土用碎(卵)石每年进行两次压碎指标值检验。

2. 碎(卵)石必试项目的试验方法

(1)碎(卵)石筛分析试验。

1)试样制备的有关规定:试验前,用四分法将样品缩分至略重于表 2-18 所规定的试样所需量,烘干或风干后备用。

表 2-18 碎(卵)石筛分析所需试样的最少重量

最大粒径(mm)	9.5	16.0	19	26.5	31.5	37.5	63.0	75.0
试样重量不少于(kg)	1.9	3.2	3.8	5.0	6.3	7.5	12.6	16.0

2)筛分析试验步骤：

①按表 2-18 的规定称取试样。

②将试样按孔径大小顺序过筛,当每号筛上筛余层的厚度大于试样的最大粒径时,应将该号筛上的筛余分成两份,再次进行筛分。直至各筛每分钟的通过量不超过试样总量的 0.1%。

注:当筛余颗粒的粒径大于 20.0mm 时,在筛分过程中允许用手指拨动颗粒。

③称取各筛筛余试样重量,精确至试样总重量的 0.1%。在筛上的所有分计筛余量和筛底剩余量的总和与筛分前的试样总量相比,其差不得超过 1%。

④筛分析试验结果的计算及评定。

筛分析试验结果应按下列步骤计算：

a. 由各筛上的筛余量除以试样总重量计算得出该号筛的分计筛余百分率(精确至 0.1%)。

b. 每号筛计算得出分计筛余百分率与大于该筛的各筛上的分计筛余百分率相加,计算出其累计筛余百分率(精确至 1%)。

3)筛分析试验结果的评定：根据各筛计算出其累计筛余百分率按表 2-19 的标准,评定该试样的颗粒级配。

(2)碎(卵)石含泥量试验。

1)试样制备应符合的规定：试验前,将样品用四分法缩分至表 2-20 所规定的量(注意防止细粉丢失),并置于温度为(105±5)℃的烘箱中烘干至恒重,冷却至室温后分成两份备用。

2)含泥量试验步骤：

表2-19 碎石或卵石的颗粒级配范围

级配情况	公称粒级(mm)	累计筛余（按质量计，%）											
		筛孔尺寸（圆孔筛，mm）											
		2.36	4.75	9.50	16.0	19.0	26.5	31.5	37.5	53.0	63.0	75.0	90
连续级配	5~10	95~100	80~100	0~15	0	—	—	—	—	—	—	—	—
	5~16	95~100	90~100	30~60	0~10	0	—	—	—	—	—	—	—
	5~20	95~100	90~100	40~70	—	0~10	0	—	—	—	—	—	—
	5~25	95~100	90~100	—	30~70	—	0~5	0	—	—	—	—	—
	5~31.5	95~100	90~100	70~90	—	15~45	—	0~5	0	—	—	—	—
	5~40	—	95~100	75~90	—	30~65	—	—	0~5	0	—	—	—
单粒级	10~20	—	95~100	85~100	—	0~15	0	—	—	—	—	—	—
	16~31.5	—	95~100	—	85~100	—	—	0~10	0	—	—	—	—
	20~40	—	—	95~100	—	80~100	—	—	0~10	0	—	—	—
	31.5~63	—	—	—	—	—	—	75~100	45~75	—	0~10	0	—
	40~80	—	—	—	—	95~100	—	—	70~100	—	30~60	0~10	0

表 2-20　碎(卵)石含泥量试验所需试样的最少重量

最大粒径(mm)	9.5	16.0	19.0	26.5	31.5	37.5	63.0	75.0
试样重量不少于(kg)	2.0	2.0	6.0	6.0	10.0	10.0	20.0	20.0

①称取烘干的试样一份(m_0)装入容器中摊平,并注入饮用水,使水面高出砂面约 150mm,用手在水中淘洗试样,使尘屑、淤泥和黏土与较粗的颗粒分离,并使之悬浮或溶于水中。缓缓地将浑浊液倒入 1.25mm 及 0.08mm 的套筛上(1.25mm 筛放置上面),滤去小于 0.08mm 的颗粒。试验前筛子的两面应先用水润湿,在整个试验过程中应注意避免大于 0.08mm 的颗粒丢失。

②再次加水于容器中,重复上述过程,直至洗出的水清澈为止。

③用水冲洗筛上剩留的细粒。并将 0.08mm 筛放在水中(使水面略高出筛内颗粒)来回摇动,以充分洗除小于 0.08mm 的颗粒。然后将两只筛上剩留的颗粒和筒中已经洗净的试样一并装入浅盘,置于温度为(105±5)℃的烘箱中烘干至恒重。取出冷却至室温后称取试样的重量(m_1)。

3)含泥量试验结果的计算及评定:

①含泥量试验结果的计算:含泥量 ω_c 的计算同本书 34 页。

②含泥量试验结果的评定:以两次试验结果的算术平均值为测定值,如两次结果的差值超过 2% 时,该试验无效,应重新取样进行试验。

(3)碎(卵)石泥块含量试验。

1)试样制备应符合的规定:试验前,将样品用四分法缩分同表 2-20 的量,缩分时应注意防止所含粘土块压碎。缩分后的试样在(105±5)℃的烘箱中烘干至恒重,冷却到室温后,分为两份备用。

2)泥块含量试验应按下列步骤进行：

①筛去 5mm 以下颗粒,称重(m_1)。

②将试样置于容器中摊平,并注入饮用水,使水面高出试样表面,24h 后把水放出,用手碾碎泥块,然后把试样放在 2.36mm 筛上,用水摇动淘洗,直至水清澈为止。

③将筛上的试样小心地从筛里取出,装入浅盘后,置于温度为(105 ± 5)℃的烘箱中烘干至恒重,取出冷却至室温后称重(m_2)。

3)泥块含量计算及评定：

①泥块含量计算同本书 34 页。

②泥块含量评定：以两次试验结果的算术平均值为测定值,如两次结果的差值超过 2％时,该试验无效,应重新取样进行试验。

(4)碎(卵)石中针状和片状颗粒的总含量计算。

1)试样制备应符合下列规定：试验前,将样品在室内风干至表面干燥,并用四分法缩分至表 2-18 所规定的数量,称量(m_0),然后筛分成表 2-21 在所规定的各粒级数量备用。

表 2-21　针、片状试验所需试样的最少重量

最大粒径(mm)	9.5	16.0	19.0	26.5	31.5	37.5	63.0	75.0
试样重量不少于(kg)	0.3	1.0	2.0	3.0	5.0	10.0	10.0	10.0

2)针、片状含量试验步骤：

①按表 2-22 所规定的粒径用规准仪逐粒对试样进行鉴定,凡颗粒长度大于针状规准仪上相应间距者,为针状颗粒。厚度小于片状规准仪上相应孔宽度,为片状颗粒。

表 2-22　针、片状试验的粒径划分及其相应的规准仪孔宽或间距

最大粒径（mm）	4.75～9.5	9.5～16	16～19	19～26.5	26.5～31.5	31.5～37.5
片状规准仪上对应的孔宽（mm）	2.8	5.1	7.0	9.1	11.6	13.8
针状规准仪上对应的孔宽（mm）	17.1	30.6	42.0	54.6	69.6	82.8

②粒径大于 40mm 的碎石或卵石可用卡尺鉴定其针、片状颗粒，卡尺卡口的设定宽度应符合表 2-23 的规定。

表 2-23　大于 37.5mm 粒径颗粒卡尺卡口的设定宽度

石子粒径（mm）	37.5～53	53～63	63～75	75～90
鉴定片状颗粒的卡口宽度（mm）	18.1	23.2	27.6	33
鉴定针状颗粒的卡口宽度（mm）	108.6	139.2	165.6	198

③称量由各粒径挑出的针状和片状颗粒的总量（m_1）。

3）针状和片状颗粒总含量的计算及评定：

①针状和片状颗粒总含量 ω_p 的计算：

$$\omega_p = \frac{m_1}{m_0} \times 100\%$$

式中　m_0——试样总重量（g）；

　　　m_1——试样中所含针、片状颗粒的总重量（g）。

②针状和片状颗粒含量的评定：针状和片状颗粒含量的计算值即为评定值。

（5）碎（卵）石压碎指标值试验。

1）试样制备应符合的规定：标准试样一律应采用（10～20）mm 的颗粒，并在气干状态下进行试验。

注:对多种岩石组成的卵石,如其粒径大于 20mm 颗粒的岩石矿物成分与(10～20)mm 颗粒有显著差异时,对大于 20mm 的颗粒应经人工破碎后筛(10～20)mm 标准粒径,另外进行压碎指标值试验。

试验前,先将试样筛去 10mm 以下及 20mm 以上的颗粒,再用针、片状规准仪剔除其针状和片状颗粒,然后称取每份 3kg 的试样 3 份备用。

2)压碎指标值试验应按下列步骤进行:

①置圆筒于底盘上,取试样一份,分两层装入筒中。每装完一层试样后,在底盘下垫放一直径为 10mm 的圆钢筋,将筒按住,左右交替颠击地面 25mm 下。第二层颠实后,试样面距盘底的高度应控制在 100mm 左右。

②整平筒内试样表面,把加压头装好(注意应使加压头保持平正),放到试验机上(160～300)s 内均匀地加荷到 200kN,稳定 5s,然后卸荷,取出测定筒。倒出筒中的试样并称其重量(m_0),用孔径为 2.50mm 的筛筛除被压的细粒,称量剩留在筛上的试样重量(m_1)。

3)压碎指标结果计算及评定:

①压碎指标的计算式同本书 35 页。

②压碎指标结果评定:以三次试验结果的算术平均值作为压碎指标的测定值。

(三)普通混凝土用碎(卵)石的质量要求

(1)供货单位应提供产品合格证及质量检验报告。

(2)颗粒级配一般应符合表 2-19 的规定。当颗粒级配不符合表 2-19 规定时,应采取措施并经试验证实确能保证工程质量时方可使用。

(3)含泥量一般应符合表 2-24 的规定。

46

表 2-24 混凝土用碎(卵)石中含泥量规定

混凝土强度等级	≥C30	<C30
含泥量(按质量计)(%)	≤1.0	≤2.0

注:有抗冻、抗渗或其他特殊要求的混凝土,其所用碎石或卵石的含泥量应不大于
1.0%。如含泥量基本上是非黏土质的石粉时,含泥量可由表中的 1.0%、
2.0%分别提高到 1.5%、3.0%。等于及小于 C10 混凝土用碎石或卵石,其含
泥量可放宽到 2.5%。

(4)泥块含量应符合表 2-25 的规定。

表 2-25 混凝土用碎(卵)石中块泥含量规定

混凝土强度等级	≥C30	<C30
泥块含量(按质量计)(%)	≤0.50	≤0.70

注:有抗冻、抗渗或其他特殊要求的混凝土,其所用碎石或卵石的块泥含量应不大
于 0.5%,等于和 C10 以下的混凝土用碎石或卵石,其泥块含量可放宽到
1.0%。

(5)针、片状颗粒含量应符合表 2-26 的规定。

表 2-26 针、片状颗粒含量

混凝土强度等级	≥C30	<C30
针片状颗粒含量(按质量计)(%)	≤15	≤25

注:等于及小于 C10 级的混凝土,其针、片状颗粒含量可放宽到 40%。

(6)压碎指标值。

①碎石的强度可用岩石的抗压强度和压碎指标值表示。岩石
强度首先应由生产单位提供,工程中可采用压碎指标值进行质量
控制,碎石的压碎指标值宜符合表 2-27 的规定。混凝土强度等级
为 C60 及以上时应进行岩石抗压强度检验,其他情况下,如有怀
疑或认为有必要时也可以进行岩石抗压强度检验。岩石抗压强度

与混凝土强度等级之比不应小于 1.5，且火成岩的强度不宜低于 80MPa，变质岩不宜低于 60MPa，水成岩不宜低于 30MPa。

表 2-27　碎石的压碎指标值

岩石品种	混凝土强度等级	碎石压碎指标值(%)
火成岩	C55～C40	≤10
	≤C35	≤16
变质岩或深成的火成岩	C55～C40	≤12
	≤C35	≤20
水成岩	C55～C40	≤13
	≤C35	≤30

注：水成岩包括石灰岩、砂岩等，变质岩包括片麻岩、石英岩等。深成的火成岩包括花岗岩、正长岩、闪长岩和橄榄岩等。喷出的火成岩包括玄武岩和辉绿岩等。

②卵石的强度用压碎指标值表示。其压碎指标值宜按表 2-28 的规定采用。

表 2-28　卵石的压碎指标值

混凝土等级强度	C55～C40	＜C35
压碎指标(%)	≤12	≤16

③卵石和碎石中不应混有草根、树叶、树枝、塑料品、煤块、炉渣等杂物。其有害物质含量应符合表 2-29 的规定。

(7)坚固性。采用硫酸钠溶液法进行试验，卵石和碎石经 5 次循环后，其质量损失应符合表 2-30 的规定。

表 2-29　卵石和碎石中有害物质含量(%)

项目 ＼ 类别	Ⅰ类	Ⅱ类	Ⅲ类
有机物(比色法)	合格	合格	合格
硫酸盐及硫化物(按 SO_3 质量计)	<0.5	<0.5	<0.5

表 2-30　坚固性指标

项目 ＼ 类别	Ⅰ类	Ⅱ类	Ⅲ类
质量损失(%)	5	8	12

(8)碱集料反应。对重要工程的混凝土所使用的碎石或卵石应进行碱活性检验。

(9)放射性指标限量应参照表 2-10 的规定。

第三章　建筑钢材试验

第一节　常用钢材的物理性能试验

一、钢材试验依据、必试项目、组批规则及取样数量

1. 常用钢材试验依据的有关标准、规范、规程和规定

(1)《钢筋混凝土用热轧带肋钢筋》(GB 1499(1)·2—2007)。

(2)《低碳钢热轧圆盘条》(GB/T 701—2008)。

(3)《冷轧带肋钢筋》(GB 13788—2008)。

(4)《预应力混凝土用钢丝》(GB/T 5223—2002)。

(5)《预应力混凝土用钢绞线》(GB/T 5224—2003)。

(6)《钢及钢产品力学性能试验取样位置及试样制备》(GB/T 2975—1998)。

(7)《金属材料室温拉伸试验方法》(GB/T 228—2002)。

(8)《混凝土结构设计规范》(GB 50010—2002)。

(9)《混凝土结构工程施工质量验收规范》(GB 50204—2002)。

2. 常用钢材的必试项目、组批规则及取样数量表(表 3-1)

二、常用钢材物理试验取样

1. 钢产品力学性能试验取样的位置

详见《钢及钢产品力学性能试验取样位置及试样制备》(GB/T 2975—1998)一般要求和规定。

第三章 建筑钢材试验

表 3-1 常用钢材的必试项目、组批规则及取样数量

序号	材料料名称及相关标准规范代号	试验项目	组批原则及取样规定
1	碳素结构钢 (GB/T 700—1988)	必试:拉伸试验(屈服点、抗拉强度、伸长率)弯曲试验 其他:断面收缩率、硬度、冲击、化学成分	同一牌号、同一炉罐号、同一等级、同一品种、同一交货状态每 60t 为一验收批,不足 60t 也按一批计。每一验收批取一组试件(拉伸、弯曲各 1 个)
2	钢筋混凝土用热轧带肋钢筋 (GB 1499(1)·2—2007)	必试:拉伸试验(屈服点、抗拉强度、伸长率)弯曲试验 其他:反向弯曲、化学成分	(1)同一牌号、同一炉罐号、同一规格、同一交货状态,每 60t 为一验收批,不足 60t 也按一批计 (2)每一验收批,在任选的两根钢筋上切取试件(拉伸 2 个、弯曲 2 个)
3	钢筋混凝土用热轧光圆钢筋 (GB/T 1499(1)·1—2007)		
4	钢筋混凝土用余热处理钢筋 (GB 13014—1991)		
5	低碳钢热轧圆盘条 (GB/T 701—2008)	必试:拉伸试验(屈服点、抗拉强度伸长率)、弯曲试验 其他:化学成分	(1)同一牌号、同一炉罐号、同一尺寸每 60t 为一验收批,不足 60t 也按一批计 (2)每一验收批取一组试件,其中拉伸 1 个、弯曲 2 个(取自不同盘)
6	冷轧带肋钢筋 (GB 13788—2008)	必试:拉伸试验(抗拉强度、伸长率)、弯曲试验 其他:松弛率、化学成分	(1)同一牌号、同一外形、同一规格、同一生产工艺、同一交货状态每 60t 为一验取批,不足 60t 也按一批计 (2)每一验批取拉伸试件 1 个(逐盘),弯曲试件 2 个(每批),松弛试件 1 个(定期) (3)在每(任)盘中的任意一端截去 500mm 后切取

续表 3-1

序号	材料料名称及 相关标准规范代号	试验项目	组批原则及取样规定
7	冷轧扭钢筋 (JC3046—1998) (GB/T 2975—1998)	必试:拉伸试验 (抗拉强度伸长率)、 弯曲试验、重量、节 距、厚度 其他:无	(1)同一牌号、同一规格尺寸、同一台轧机、同一台班每 10t 为一验收批,不足 10t 也按一批计 (2)每批取弯曲试件 1 个,拉伸试件 2 个,重量、节距、厚度各 3 个
8	预应力混凝土用钢丝 (GB/T 5223—2003)	必试:抗拉强度、 伸长率弯曲试验 其他:屈服强度、 松弛率(每季度抽 验)	(1)同一牌号、同一规格、同一加工状态的钢丝组成,每批重量不大于 60t (2)钢丝的检验:在每盘钢丝的两端进行抗拉强度、弯曲和伸长率的试验。屈服强度和松弛率试验每季度抽验一次。每次至少 3 根
9	中强度预应力 混凝土用钢丝 (YB/T 156—1999)	必试:抗拉强度、 伸长率、反复弯曲 其他:规定非比例 伸长应力(δ₀.₂)松弛 率(每季度)	(1)钢丝应成批验收,每批由同一牌号、同一规格、同一强度等级、同一生产工艺制度的钢丝组成。每批重量不大于 60t (2)每盘钢丝的两端取样进行抗拉强度、伸长率、反复弯曲的检验 (3)规定非比例伸长应力($\delta_{0.2}$)和松弛率试验,每季度抽检一次,每次不少于 3 根
10	预应力混凝土用钢棒 (GB/T 111—1997)	必试:抗拉强度、 伸长率、平直度 其他:规定非比例 伸长应力、松弛率	(1)钢棒应成批验收,每批由同一牌号、同一外形、同一公称截面尺寸、同一热处理制度加工的钢棒组成 (2)不论交货状态是盘卷或直条,试件均在端部取样,各试验项目取样数量均为 1 根 (3)批量划分按交货状态和公称直径而定(盘卷:≤13mm,批量为 ≤5 盘;直条:≤13mm,批量为 ≤1000 条;>13mm～<26mm,批量为 ≤200 条;≥26mm,批量为 ≤100 条 注:以上批量划分仅适用于必试项目

续表 3-1

序 号	材料料名称及相关标准规范代号	试验项目	组批原则及取样规定
11	预应力混凝土用钢绞线（GB/T 5224—2003）	必试：整根钢绞线最大力，规定非比例延伸力，最大力总伸长率，尺寸测量 其他：弹性模量、松弛率	（1）预应力用钢绞线应成批验收，每批由同一牌号、同一规格、同一生产工艺捻制的钢绞线组成，每批质量不大于60t （2）从每批钢绞线中任取3盘，从每盘所选的钢绞线端部正常部位截取一根进行表面质量、直径偏差、捻距和力学性能试验。如每批少于3盘，则应逐盘进行上述检验
12	预应力混凝土用低合金钢丝（YB/T 038—1993）	必试：拔丝用盘条：抗拉强度、伸长率、冷弯 钢丝：抗拉强度、伸长率、反复弯曲、应力松弛 其他：无	（1）拔丝用盘条：见本表序号5（低碳热扎圆盘条） （2）钢丝 ①每批钢丝应由向一牌号、同一形状、同一尺寸、同一交货状态的钢丝组成 ②从每批中抽查5%，但不少于5盘进行形状、尺寸和表面检查 ③从上述检查合格的钢丝中抽取5%，优质钢抽取10% 不少于3盘，拉伸试验每盘一个（任意端）不少于5盘，反复弯曲试验每盘一个（任意端去掉500mm后取样）
13	一般用途低碳钢丝（GB/T 343—1994）	必试：抗拉强度、180度弯曲试验次数、伸长率（标距100mm） 其他：无	（1）每批钢丝应由同一尺寸、同一锌层级别、同一交货状态的钢丝组成 （2）从每批中抽取5%，但不少于5盘进行形状、尺寸和表面检查 （3）从上述检查合格的钢丝中抽取5%，优质钢抽取10%，不少于3盘，拉伸试验、反复弯曲试验每盘各一个（任意端）

(1)关于型钢、条钢、钢板及钢管的拉伸和弯曲试验取样位置按图 3-1～图 3-8 进行。

(2)弯曲样坯应在钢产品表面切取,弯曲试样应至少保留一个表面,当机加工和试验机能力允许时,应制备全截面或全厚度弯曲试样。

(3)当要求取一个以上试样时,可在规定位置相邻处取样。

2. 型钢取样

(1)按图 3-1 在型钢腿部切取拉伸和弯曲样坯。如型钢尺寸不能满足要求,可将取样位置中部位移。

注:对于腿部有斜度的型钢,可在腰部 1/4 在处取样(图 3-1b、d),经协商也可以从腿部取样进行机加工。对于腿部长度不相等的角钢,可从任一腿部取样。

(2)对于腿部厚度≤50mm 的型钢,当机加工和试验机能力允许时,应按图 3-2a 切取拉伸样坯;当切取圆形横截面拉伸样坯时,按图 3-2b 规定。对于腿部厚度>50mm 的型钢,当切取圆形横截面样坯时,按图 3-2c 规定。

3. 条钢取样

(1)按图 3-3 在圆钢上选取拉伸样坯位置,当机加工和试验机能力允许时,按图 3-3a 取样。

(2)按图 3-4 在六角钢上选取拉伸样坯位置,当机加工和试验机能力允许时,按图 3-4a 取样。

(3)按图 3-5 在矩形截面条钢上切取拉伸样坯,当机加工和试验机能力允许时,按图 3-5a 取样。

4. 钢板取样

(1)应在钢板宽度 1/4 处切取拉伸和弯曲样坯,如图 3-6 所示。

(2)对于纵轧钢板,当产品标准没有规定取样方向时,应在钢板宽度 1/4 处切取横向样坯,如钢板宽度不足,样坯中心可以内移。

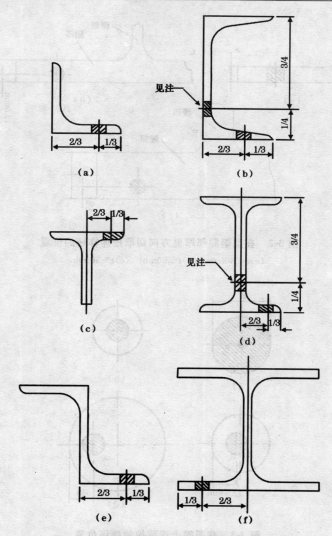

图 3-1　在型钢腿部宽度方向切取样坯的位置

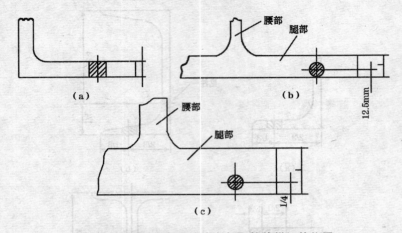

图 3-2 在型钢腿部厚度方向切取拉伸样坯的位置

(a)$t<30$mm　(b)$t\leqslant50$mm　(c)$t>50$mm

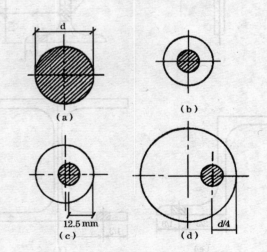

图 3-3 在圆钢上选取拉伸样坯位置

(a)全横截面试样　(b)$d\leqslant25$mm　(c)$d>25$mm　(d)$d>50$mm

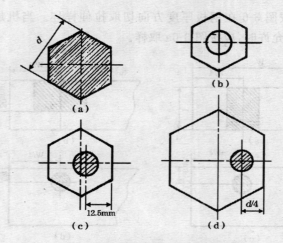

图 3-4 在六角钢上选取拉伸样坯位置

(a)全横截面试样 (b)$d \leqslant 25mm$ (c) $d > 25mm$ (d) $d > 50mm$

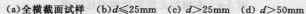

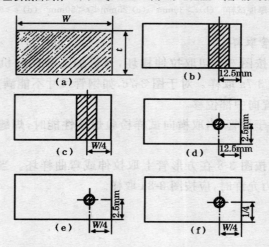

图 3-5 在矩形截面条钢上切取拉伸样坯位置

(a)全横截面试样 (b)$W \leqslant 50mm$ (c) $W > 50mm$ (d) $W \leqslant 50mm$ 且 $t \leqslant 50mm$

(e) $W > 50mm$ 且 $t \leqslant 50mm$ (f) $W > 50mm$ 且 $t > 50mm$

(3)应按图 3-6 在钢板厚度方向切取拉伸样坯。当机加工和试验机能力允许时,应按图 3-6a 取样。

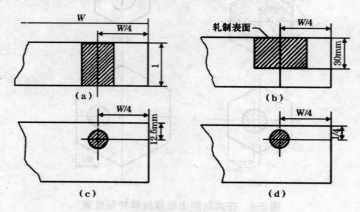

图 3-6 在钢板上切取拉伸样坯位置

(a)全厚度试样 (b)$t>30mm$ (c)$25mm<t<50mm$ (d)$t\geqslant50mm$

5. 钢管取样

(1)应按图 3-7 切取拉伸样坯,当机加工和试验机能力允许时,应按图 3-7a 取样。对于图 3-7c,如钢管尺寸不能满足要求,可将取样位置向中部位移。

(2)对于焊管,当取横向试样检验焊接性能时,焊缝应在试样中部。

(3)应按图 3-8 在方形管上取拉伸或弯曲样坯。当机加工和试验机能力允许时,应按图 3-8a 取样。

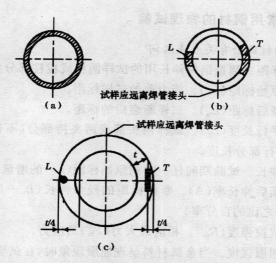

图 3-7　在钢管上切取拉伸或弯曲样坯位置

(a)全横截面试样　(b)矩形横截面试样　(c)圆形横截面试样

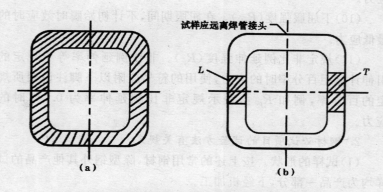

图 3-8　在方形管上切取拉伸或弯曲样样的位置

(a)全横截面试样　(b)矩形横截面试样

三、常用钢材的物理试验

1. **钢材试验有关专业名词**

(1)标距。测量钢材伸长用的试样圆柱或棱柱部分的长度。

(2)原始标距(L_0)。施力前的试样标距。

(3)断后标距(L_u)。试样断裂后的标距。

(4)平行长度(L_c)。试样两头部或两夹持部分(不带头试样)之间的平行部分长度。

(5)伸长。试验期间任一时刻原始标距(L_0)的增量。

(6)断后伸长率(A)。断后标距的残余伸长(L_u-L_0)与原始标距(L_0)之比的百分率。

(7)抗拉强度(R_m)。相应最大力(F_m)的应力。

(8)屈服强度。当金属材料呈现屈服现象时,在试验期间达到塑型变形发生而力不增加的应力点,应区分上屈服和下屈服强度。

(9)上屈服强度(R_{eH})。试样发生屈服而力首次下降前的最高应力。

(10)下屈服强度(R_{eL})。在屈服期间,不计初始瞬时效应时的最低应力。

(11)规定非比例延伸强度(R_p)。非比例延伸率等于规定的引伸计标距百分率时的应力,使用的符号应附以下脚注说明所规定的百分率,例如 $R_{p0.2}$,表示规定非比例延伸率为 0.2% 时的应力。

2. **钢材必试项目的试验方法有关规定**

(1)试样的形状。按上述的常用钢材,除型钢外其他产品的试样均为产品一部分,下经机加工。

(2)试样的尺寸及制备详见《金属材料室温拉伸试验方法》(GB/T 228—2002)的有关章节。

(3)试验要求。

1)试验一般在 10～35℃的室温范围内进行。对温度要求严格的试验,试验温度应为(23±5)℃。

2)试验设备:试验机应按照 GB/T 16825—1997 进行检验,并应为 1 级或优于 1 级准确度。

引伸计的准确度级别应符合 GB/12160—2002 的要求。测定上屈服强度、下屈服强度、屈服延伸率、规定非比例延伸强度、规定总延伸强度、规定残余延伸强度,以及规定残余延伸强度的验证试验,应使用不劣于 1 级准确度的引伸计;测定其他具有较大延伸率的性能,例抗拉强度、最大力总延伸率和最大力非比例延伸率、断裂总伸长率以及断一伸长率,应用不劣于 2 级准确度的引伸计。

①支辊式弯曲装置:支辊长度应大于试样宽度或直径。支辊半径应为 1～10 倍试样厚度。支辊应具有足够硬度。除非另有规定,支辊间距离应按照下式确定:

$$L = (d + 3a) \pm 0.5a$$

式中　L ——支辊间距离;

　　　d ——弯心直径;

　　　a ——弯曲角度,此距离在试验期间应保持不变。

②V 形模具式弯曲装置:弯曲压头直径应在相关产品标准中规定。弯曲压头宽度大于试样宽度或直径。弯曲压头应具有足够的硬度。

V 形模具式弯曲装置,模具的 V 形槽其角度为 $180° - a$(a 为弯曲角度)。弯曲角度应在相关产品标准中规定。弯曲压头的圆角半径为 $d/2$。

模具的支承棱边应倒圆,半径应为 1～10 倍试验厚度。模具和弯曲压头宽度应大于试样宽度或直径。弯曲压头应具有足够的硬度。

③虎钳式弯曲装置:装置由虎钳配备足够硬度的弯心组成。可以配置加力杠杆。弯心直径应按照相关产品标准要求,弯心宽

度应大于试样宽度或直径。

④翻板式弯曲装置:围板带有楔形滑块,滑块宽度应大于试样宽度或直径。滑块应具有足够的硬度。翻板固定在耳轴上,试验时能绕耳轴轴线转动。耳轴连接弯曲角度指示器,指示 0°～180°的弯曲角度。翻板间距离应为两翻板的试样支承面同时垂直于水平轴线时两支承面间的距离,按照下式确定:

$$L = (d + 2\alpha) + e$$

式中 e ——2～6mm。

弯曲压头直径应在相关产品标准中规定。弯曲压头宽度应大于试样宽度或直径。弯曲压头的压杆其厚度应略小于弯曲压头直径,弯曲压头应具有足够的硬度。

(4)拉伸试验。

1)计算强度用的横截面积的确定:钢筋、钢棒、钢丝、钢绞线,以产品标志和质量证明书上的规格尺寸为依据,按相应的标准中规定的公称横截面面积为计算强度用的横截面面积。

2)原始横截面面积(S_0)的测定:试样原始横截面面积的测定方法和准确度应符合 GB/T 228—2002 的有关章节规定的要求。应根据测量的试样原始尺寸计算原始横截面积,并至少保留 4 位有效数字。

①厚度为 0.1～3mm 薄板和薄带:原始横截面积的测定应准确到±2%,当误差的主要部分是由于试样厚度的测量所引起的,宽度的测量误差不应超过±0.2%。应在试样标距的两端及中间三处测量宽度和厚度,采用三处测得的最小截面积。按照式下式计算:

$$S_0 = ab \qquad (1)$$

式中 S_0 ——试样横截面面积(mm^2);

　　a ——试样宽度(mm);

　　b ——试样厚度(mm)。

②厚度等于或大于 3mm 板材和扁材以及直径或厚度等于或大于 4mm 线材、棒材和型材应根据测量的原始试样尺寸计算原始横截面积,测量每个尺寸应准确到±0.5%。

圆形横截面试样,应在标距的两端及中间三处两个相互垂直的方向测量直径,取其三处的算术平均值,取用三处测得的最小横截面面积,按照式下式计算:

$$S_0 = \pi d^2/4 \tag{2}$$

式中　S_0——试样横截面积(mm²);

　　　d——试样直径(mm)。

对于矩形横截面试样,应在标距的两端及中间三处测量宽度和厚度,取用三处测得的最小横截面面积,按公式(1)计算。

对于恒定横截面试样,可以根据测量的试样长度、试样质量和材料密度确定其原始横截面面积。试样长度的测量应准确到±0.5%,试样质量的测定应准确到±0.5%,密度应至少取位有效数字。原始横截面积按照下式计算:

$$S_0 = m \times 1000/\rho L_t \tag{3}$$

式中　S_0——试样横截面积(mm²);

　　　m——试样质量(kg);

　　　ρ——试样密度(g/mm³);

　　　L_t——试样长度(mm)。

③直径或厚度小于 4mm 线材、棒材和型材:原始横截面积的测定应准确到±1%。应在试样标距的两端及中间三处测量,取用三处得的最小横截面面积。

a. 对于圆形横截面的产品,应在两个相互垂直方向测量试样的直径,取其算术平均值计横截面积,按照上面公式(2)计算。

b. 对于矩形和方形横截面的产品,测量试样的宽度和厚度,按照公式(1)计算。也可以根据测量的试样长度、试样质量和材料密度确定其原始横截面面积,按公式(3)计算。

c. 原始标距(L_0)的标记：应用小标记、细划线或细墨线标记原始标距，但不得用引起过早断裂的缺口作标记。对于比例试样，应将原始标距的计算值修约至最接近 5mm 的倍数，中间数值向较大一方修约。原始标距的标记应准确到±1%。

平行长度(L_c)比原始标距长许多，例如不经机加工的试样，可以标记一系列套叠原始标距。有时，可以在试样表面划一条平行于试样纵轴的线，并在此线上标记原始标距。常用钢材的标距长度见表 3-2（表中"a"为公称直径）。

表 3-2　标距长度(L_0)

序　号	材料名称		L_0
1	钢筋混凝土用热轧光圆、热轧带肋、余热处理钢筋		$5a$
2	低碳钢热轧圆盘条、冷轧扭钢筋		$10a$
3	冷轧带肋钢筋		$10a$ 或 100mm
4	预应力混凝土用热处理钢筋		$10a$
5	预应力混凝土用钢丝		100mm
6	预应力混凝土用钢绞线	1×7	不小于 500mm
		1×2、1×3	不小于 400mm
7	预应力混凝土用钢棒		$8a$
8	中强度预应力混凝土用钢丝		100mm（断裂伸长率）
9	一般用途低碳钢丝		100mm
10	预应力混凝土用低合金钢丝		不小于 $60a$

3）上屈服强度(R_{eH})和下屈服强度(R_{eL})的测定：

①图解方法：试验时记录力-延伸曲线或力-位移曲线。从曲线图读取力首次下降前的最大力和不计初始瞬时效应时屈服阶

段中的最小力或屈服平台的恒定力。将其分别除以试样原始横截面积(S_0)得到上屈服强度和下屈服强度。仲裁试验采用图解方法。

②指针方法：试验时，读取测力度盘指针首次回转前指示的最大力和不计初始瞬时效应时屈服阶段中指示的最小力或首次停止转动指示的恒定力。将其分别除以试样原始横截面(S_0)得到上屈服强度和下屈服强度。

③可以使用自动装置（如微处理机等）或自动测试系统测定上屈服强度和下屈服强度，可以不绘制拉伸曲线图。

④测定屈服强度和规定强度的试验速率：

a. 上屈服强度(R_{eH})：在弹性范围和直至上屈服强度，试验机夹头的分离速率应尽可能保持恒定，并在表 3-3 规定的应力速率的范围内。

表 3-3 应力速率

材料弹性模量 $E/(N/mm^2)$	应力速率/$(N/mm^2)\cdot s^{-1}$	
	最 小	最 大
<150000	2	20
≥150000	6	60

b. 下屈服强度(R_{eL})：若仅测定下屈服强度，在试样平行长度的屈服期间应变速率应为 $0.00025 \sim 0.0025 s^{-1}$。平行长度内的应变速率应尽可能保持恒定。如不能直接调节这一应变速率，应通过调节屈服即将开始前的应力速率来调整，在屈服完成之前不再调节试验机的控制。

任何情况下，弹性范围内的应力速率不得超过表 3-3 规定的最大速率：上屈服强度和下屈服强度（R_{eH} 和 R_{eL}）。

如在同一试验中测定上屈服强度和下屈服强度，测定下屈服强度的条件应符合下屈服强度的速率要求。

规定非比例延伸强度(R_p)、规定总延伸强度(R_t)和规定残余延伸强度(R_r)应力速率应在表 3-3 规定的范围内。

在塑性范围和直至规定强度(规定非比例延伸强度、规定总延伸强度和规定残余延伸强度)应变速率不应超过 $0.0025s^{-1}$。

夹头分离速率:如试验机无能力测量或控制应变速率,直至屈服完成,应采用等效于表 3-3 规定的应力速率的试验机夹头分离速率。

4)抗拉强度(R_m)的测定:

①采用图解方法或指针方法测定抗拉强度:对于呈现明显屈服(不连续屈服)现象的金属材料,从记录的力-延伸或力-位移曲线图,或从测力度盘,读取试验过程中的最大力;对于无呈现明显屈服(连续屈服)现象的金属材料,从记录的力-延伸或力-位移曲线图,或从测力度盘,读取试验过程中的最大力。最大力除以试样原始横截面积(S_0)得到抗拉强度。

②测定抗拉强度(R_m)的试验速率:

塑性范围:平行长度的应变速率不应超过 $0.008s^{-1}$。

弹性范围:如试验不包括屈服强度或规定强度的测定,试机的速率可以达到塑性范围内允许的最大速率。

5)断后伸长率(A)的测定:为了测窄断后伸长率,应将试样断裂的部分仔细地配接在一起使其轴线处于同一直线上,并采取特别措施确保试样断裂部分适当接触后测量试样断后标距。这对小横截面试样和低伸长率试样尤为重要。

应使用分辨力优于 0.1mm 的量具或测量装置测定断后标距(L_u),准确到±0.25mm。如规定的最小断后伸长率小于 5%,建议采用特殊方法进行测定[见 GB/T 228—2002 附录 E(提示的附录)]。

原则上只有断裂处与最接近的标距标记的距离不小于原始标

距的 1/3 情况方为有效。但断后伸长率,大于或等于规定值,不管断裂位置处于何处测量均为有效。

6)性能测定结果数值的修约:试验测定的性能结果数值应按照相关产品标准的要求进行修约。如未规定具体要求,应按照表 3-4 的要求进行修约。修约的方法按照《数值修约规则与极限数值的表示和判定》(GB/T 8170—2008)。

表 3-4　性能结果数值的修约间隔

性　能	范　围	修约间隔
R_{eH}、R_{eL}、R_p、R_t、R_r、R_m (强度)	$\leqslant 200 N/mm^2$ $200 \sim 1000 \ N/mm^2$ $< 1000 \ N/mm^2$	$1 N/mm^2$ $5 N/mm^2$ $10 N/mm^2$
A_e(屈服点延伸率)	—	0.05%
A、A_t、A_{gt}、A_g(伸长率)	—	0.5%
Z(断面收缩率)	—	0.5%

7)试验结果处理:试验出现下列情况之一其试验结果无效,应重做试验。

①试样断在标距外或断在机械刻划的标距标记上,而且断后伸长率小于规定最小值。

②试验期间设备发生故障,影响了试验结果。

试验后试样出现两个或两个以上的缩颈以及显示出肉眼可见的冶金缺陷(例如分层、气泡、夹渣及缩孔等)应在试验记录和报告中注明。

(5)弯曲试验。详见 GB/T 232—1999。

1)由相关产品标准规定,采用下列方法之一完成试验。

①试样在 GB/T 232—1999 中的图 1、图 2、图 3、图 4 所给定的条件和在力作用下弯曲至规定的弯曲角度。

②试样在力作用下弯曲至两臂相距规定距离且相互平行。

③试样在力作用下弯曲至两臂直接接触。

2)试样弯曲至规定弯曲角度的试验,应将试样放于两支辊或 V 形模具或两水平翻板上,试样轴线应与弯曲压头轴线垂直,弯曲压头在两支座之间的中点处对试样连续施加力使其弯曲,直至达到规定的弯曲角度。

如不能直接达到规定的弯曲角度,应将试样置于两平行压板之间,连续施加力压两端使其进一步弯曲,直至达到规定的弯曲角度。

3)试样弯曲至 180°角两臂相距规定距离且相互平行的试验,采用支辊式弯曲装置的方法时,首先对试样进行初步弯曲(弯曲角度应尽可能大),然后将试样置于两平行压板之间连续施加力,压其两端使进一步弯曲,直至两臂平行。试验时可加垫块,也可不加。除非产品标准中另有规定,垫块厚度等于规定的弯曲压头直径;采用翻板式弯曲装置的试验时,力作用时不改变力的方向,试件弯曲直至达到 180°。

4)试样弯曲至两臂直接接触的试验,应首先将试样进行初步弯曲(弯曲角度应尽可能大),然后将其置于两平行压板之间,连续施加力压两端使其进一步弯曲,直至两臂直接接触。

5)可以采用虎钳式弯曲装置的方法进行弯曲试验。试样一端固定,绕弯心进行弯曲,直至达到规定的弯曲角度。

6)弯曲试验时,应缓慢施加弯曲力。

7)弯心直径(d)、弯曲角度(α)均应符合相应产品标准中的规定(表 3-5、表 3-6)。采用支辊式弯曲装置时,支辊长度应大于试样宽度或直径。支辊半径应为 1~10 倍试样厚度。除非另有规定,支辊间距离应为 $L=(d+3\alpha)\pm0.5\alpha$。

表 3-5 钢筋冷弯试验技术要求

钢筋种类	牌　　号	公称直径(mm)	弯心直径 d	弯曲角度 α
钢筋混凝土用热轧带肋钢筋	HRB335	6～25	3a	180°
	HRB400	6～25	4a	
	HRB500	6～25	5a	
余热处理钢筋	RRB335	28～50	4a	180°
	RRB400	28～50	5a	
	RRB500	28～50	6a	
热轧光圆钢筋	Q235	8～20	a	180°
低碳热轧圆盘条	Q215	5.5～30.0	d＝0	180°
	Q235		0.5a	
冷轧带肋钢筋	CRB550、650、800、970、1170	4～12	3a	180°
冷轧扭钢筋			3a	180°
预应力混凝土用钢丝	消除应力的刻痕钢丝	≤5.0	15mm(弯曲半径)	180°
		＞5.0	20mm(弯曲半径)	

注：a 为钢筋试样的直径(mm)

四、钢材试验结果的计算与评定

1. 钢材必试项目的试验结果计算

(1)屈服强度的计算。

$$R_e = F_e / S_0$$

式中　R_e——屈服强度(N/mm^2)；

　　　F_e——屈服力(N)；

　　　S_0——原始横截面积(mm^2)。

表 3-6　碳素结构钢筋冷弯试验技术要求

牌　号	试样方向	冷弯试验 $B=2a$		180°
		钢筋厚度（直径）(mm)		
		≤60	>60～100	>100～200
		弯心直径		
Q195	纵	0	—	—
	横	0.5a		
Q215	纵	0.5a	1.5a	2a
	横	a	2a	2.5a
Q235	纵	a	2a	2.5a
	横	1.5a	2.5a	3
Q255	—	2a	3a	3.5a
Q275	—	3a	4a	4.5a

注：B 为试样宽度，a 为钢材厚度。

（2）抗拉强度的计算。

$$R_{\mathrm{m}} = F_{\mathrm{m}}/S_0$$

式中　R_{m}——屈服强度（N/mm²）；

F_{m}——屈服力（N）；

S_0——原始横截面积（mm²）。

（3）伸长率计算。

$$A = (L_{\mathrm{u}} - L_0)/L_0$$

式中　A——钢材伸长率（%）；

L_0——试样原始标距长（mm）；

L_{u}——试样拉断后标距长（mm）。

2. 钢材物理试验结果的评定

（1）依据钢材相应的产品标准中规定的技术要求，按委托来样提供的钢材牌号进行评定（表 3-7～表 3-12）。

（2）试验项目中如有一项试验结果不符合标准要求，则从同一批中再任取双倍数量的试样进行不合格项目的复验。复验结果（包括该项试验所要求的任一指标），即使有一个指标不合格，则该批钢材视为不合格。

（3）有以下情况试验结果无效：由于取样、制样、试验不当而获得的试验结果，应视为无效。

表 3-7　热轧带肋钢筋技术标准（GB 1499—2007）

牌　号	公称直径 （mm）	力学性能			工艺性能	
		R_e（σ_s,$\sigma_{p0.2}$） （MPa）	R_m（σ_b） （MPa）	A_5（δ_5） （%）	弯心直径 （d）	弯曲角度 （α）
		不小于			受弯部位表面不得产生裂纹	
HRB335	6～25	335	455	17	$3a$	180°
HRB400	6～25	400	540	17	$4a$	180°
HRB500	6～25	500	630	16	$5a$	180°
RRB335	28～50	335	380	16	$4a$	180°
RRB400	28～50	400	460	16	$5a$	180°
RRB500	28～50	500	575	14	$6a$	180°

注：1. HRB：热轧带肋钢筋。

2. RRB：热轧后带有控制冷却并自回火处理（余热处理）带肋钢筋。

表 3-8　热轧光圆钢筋技术标准（GB 13013—1991）

牌　号	公称直径 （mm）	力学性能			工艺性能	
		R_e（σ_s、$\sigma_{p0.2}$） （MPa）	R_m（σ_b） （MPa）	A_5（δ_5） （%）	弯心直径 （d）	弯曲角度 （α）
		不小于			受弯部位表面不得产生裂纹	
Q235	8～20	235	370	25	a	180°

表 3-9　热处理钢筋技术标准（GB 13014—91）

牌　号	公称直径 (mm)	力学性能			工艺性能	
		$R_e(\sigma_s,\sigma_{p0.2})$ (MPa)	$R_m(\sigma_b)$ (MPa)	$A_5(\delta_5)$ (%)	弯心直径 (d)	弯曲角度 (α)
		不小于			受弯部位表面不得产生裂纹	
RRB400	8～25	440	600	14	3a	180°
	28～40				4a	

表 3-10　冷轧带肋钢筋技术标准（GB 13788—2000）

牌　号	力学性能			工艺性能		
	$R_m(\sigma_b)$ (MPa)	$R_{10}(\delta_{10})$ (%)	$R_{100}(\delta_{100})$ (%)	反复弯曲次数	弯心直径 (d)	弯曲角度 (α)
	不小于			受弯部位表面不得产生裂纹		
CRB550	550	8.0	—	—	3a	180°
CRB650	650	—	4.0	3	—	
CRB800	800	—	4.0	3	—	180°
CRB970	970	—	4.0	3	—	
CRB1170 1170	—	—	—	—	—	180°

表 3-11　冷轧扭钢筋技术标准（JC 3046—1998）

类　型	标志直径 (mm)	轧扁厚度 (t)不小于	节距(h) 不大于	抗拉强度 (σ_b)(MPa) 不小于	伸长率 (δ_{10})% 不小于	冷弯180° 弯心直径3a
Ⅰ	6.5	3.7	75	580	4.5	受弯部位表面 不得产生裂纹
	8	4.2	95			
	10	5.3	110			
	12	6.2	150			
	14	8.0	170			
Ⅱ	12	8.0	145			

表 3-12　碳素结构钢技术标准（GB 700—1988）

牌号	等级	拉 伸 试 验														冷弯试验
		屈服点 σ_s（MPa）						抗拉强度 σ_b（MPa）	伸长率 δ_5（%）						冷弯 180° $B=2a$
		钢材厚度（直径）(mm)							钢材厚度（直径）(mm)						
		≤16	>16 ~40	>40 ~60	>60 ~100	>100 ~150	>150		≤16	>16 ~40	>40 ~60	>60 ~100	>100 ~150	>150	
		不 小 于							不 小 于						受弯部位表面不得产生裂纹
Q195	—	(195)	(185)	—	—	—	—	315~430	33	32	—	—	—	—	
Q215	A	215	205	195	185	175	165	335~450	31	30	29	28	27	26	
	B														
Q235	A	235	225	215	205	195	185	375~500	26	25	24	23	22	21	
	B														
	C														
	D														
Q255	A	255	245	235	225	215	205	410~500	24	23	22	21	20	19	
	B														
Q275	—	275	265	255	245	235	225	490~630	20	19	18	17	16	15	

第二节 钢筋接头试验

一、钢筋接头(连接)试验应用的标准、规范、规程及规定

(1)《混凝土结构设计规范》(GB 50010—2002)。

(2)《混凝土结构工程施工质量验收规范》(GB 50200—2002)。

(3)《钢筋混凝土用热轧光圆钢筋》(GB 13013—1991)。

(4)《钢筋混凝土用热轧带肋钢筋》(GB 1499—2007)。

(5)《钢筋混凝土用热轧余热处理钢筋》(GB 13014—1991)。

(6)《低碳钢热轧圆盘条》(GB/T 701—1997)。

(7)《冷轧带肋钢筋》(GB 13788—2000)。

(8)《冷轧扭钢筋》(JG 3046—1998)。

(9)《钢筋焊接接头试验方法》(JGJ/T 27—2001)。

(10)《钢筋焊接及验收规程》(JGJ 18—2003)。

(11)《钢筋焊接网混凝土结构技术规程》(JGJ 114—2003)。

(12)《冷轧扭钢筋混凝土构件技术规程》(JGJ 115—2006)。

(13)《钢筋机械连接通用技术规程》(JGJ 107—2003)。

(14)《带肋钢筋套筒挤压连接规程》(JGJ 108—1996)。

(15)《钢筋锥螺纹接头技术规程》(JGJ 109—1996)。

(16)《镦粗直螺纹钢筋接头》(JG/T 3057—1999)。

(17)《复合钢板焊接接头力学性能试验方法》(GB/T 16957—1997)。

二、钢筋焊接试验的目的

了解钢筋焊接性能、选择最佳焊接参数、掌握焊工技术水平。在工程开工正式焊接之前,参与该项施焊的焊工应进行现场条件

下的焊接工艺试验,并经试验合格后,方可正式生产;试验结果应符合质量检验与验收时的要求。

无论采用何种焊接工艺,每种牌号、每种规格钢筋至少做 1 组试件。若第 1 次未通过,应改进工艺,调整参数,直至合格为止。并应做好记录。

接头试件的性能试验(拉伸、弯曲、剪切等)结果应符合质量检验与验收时的要求。

三、钢筋焊接必试项目、组批原则及取样数量

钢筋焊接必试项目、组批原则及取样数量依据相关标准:《钢筋焊接接头试验方法》(JGJ/T 27—2001)及《钢筋焊接及验收规程》(JGJ 18—2003)。

(一)钢筋电阻点焊

1. 钢筋电阻点焊必试项目

拉伸试验(抗拉强度)、剪切试验(抗剪力)。

2. 钢筋电阻点焊组批原则及取样规定

(1)凡钢筋牌号、直径及尺寸相同的焊接骨架和焊接网应视为同一类型制品,且每 300 件为一验收批,一周内不足 300 件的也按一批计。

(2)试件应从成品中切取:当焊接骨架所切取试件的尺寸小于规定的试件尺寸,或受力钢筋大于 8mm 时,可在生产过程中制作模拟焊接试验网片,从中切取试件(图 3-9a)。

(3)由几种直径钢筋组合的焊接骨架或焊接网,应对每种组合的焊点作力学性能检验。

(4)热轧钢筋焊点,应作抗剪试验,试件数量 3 件,冷轧带肋钢筋焊点,除作剪切试验外,尚应对纵向和横行冷轧带肋钢筋作拉伸试验,试件应各为 1 件。剪切试件纵筋长度应大于或等于 290mm,横筋长度应大于或等于 50mm(图 3-9b);拉伸试件纵筋长

度应大于或等于 300mm(图 3-9c)。

(5)焊接网剪切试件应沿同一横向钢筋随机切取。

(6)切取剪切试件时,应使制品中的纵向钢筋成为试件的受拉钢筋。

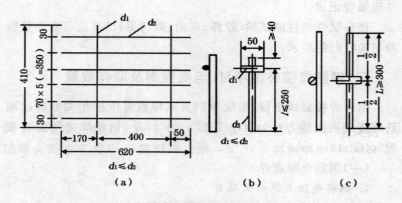

图 3-9 钢筋模拟焊接试验网片与试件

(a)模拟焊接试验网片简图 (b)钢筋焊点剪切试件 (c)钢筋焊点拉伸试件

(二)钢筋闪光对焊接头

1. 钢筋闪光对焊接头必试项目

钢筋闪光对焊接头必试项目包括强度、弯曲试验。

2. 钢筋闪光对焊接头取组批原则及取样规定

(1)同一台班内由同一焊工完成的 300 个同牌号、同直径钢筋焊接接头应作为一批。当同一台班内焊接的接头数量较少,可在一周内累计计算。累计仍不足 300 个接头时,应按一批计。

(2)力学性能检验时,应从每批接头中随机切取 6 个接头,其中 3 个做拉伸试验,3 个做弯曲试验。

(3)焊接等长的预应力钢筋(包括螺丝杆与钢筋)时。可按生产时同等条件制作模拟试件。

（4）螺钉端杆接头可只做拉伸试验。

（5）封闭环式箍筋闪光对焊接头，以 600 个同牌号、同规格的接头作为一批，只做拉伸试验。

（6）当模拟试件试验结果不符合要求时，应进行复验。复验应从现场焊接接头中切取其数量和要求与初试时相同。

（三）钢筋电弧焊接头

1. **钢筋电弧焊接头必试项目**

拉伸试验（抗拉强度）。

2. **钢筋电弧焊接头组批原则及取样规定**

（1）在现浇混凝土结构中，应以 300 个同牌号钢筋、同形式接头接头作为一批，在房屋结构中，应在不超过二楼层中 300 个同牌号钢筋、同型式接头作为一批。每批随机切取 3 个接头做拉伸试验。

（2）在装配式结构中，可按生产条件制作模拟试件，每批 3 个试件，做拉伸试验。

注：在同一批中，若有几种不同直径的钢筋焊接接头，应在最大直径钢筋接头中切取 3 个试件。

（四）钢筋电渣压力焊接头

1. **钢筋电渣压力焊接头必试项目**

拉伸试验（抗拉强度）。

2. **钢筋电渣压力焊接头组批原则及取样规定**

在现浇钢筋混凝土结构中，应以 300 个同牌号钢筋接头作为一批，在房屋结构中，应在不超过二楼层中 300 个同牌号钢筋接头作为一批；当不足 300 个接头时，仍应作为一批，每批随机切取 3 个接头做拉伸试验。

注：在同一批中，若有几种不同直径的钢筋焊接接头，应在最大直径钢筋接头中切取 3 个试件。

（五）钢筋气压焊接头

1. 钢筋气压焊接头必试项目

拉伸试验（抗拉强度）、弯曲试验（梁、板的水平筋连接）。

2. 钢筋气压焊接头组批原则及取样规定

在现浇钢筋混凝土结构中以 300 个同牌号钢筋接头作为一批，在房屋结构中，应在不超过二楼层中 300 个同牌钢筋接头作为一批，当不足 300 个接头时，仍应作为一批。

在柱、墙的竖向钢筋连接中，应从每批接头中随切取 3 个接头做拉伸试验（抗拉强度）；在梁、板水平钢筋连接中，应另取 3 个接头做弯曲试验。

注：在同一批中，若有几种不同直径的钢筋焊接接头，应在最大直径钢筋接头中切取 3 个试件。

（六）预埋件钢筋 T 型接头

1. 预埋件钢筋 T 型接头必试项目

拉伸试验（抗拉强度）。

2. 预埋件钢筋 T 型接头组批原则及取样规定

应以 300 个同类型预埋件作为一批。一周内连续焊接时，可累计计算。不足 300 件时，亦应按一批计算。应从每批预埋件中切取 3 个接头做拉伸试验（抗拉强度），试件的钢筋长度应大于或等于 200mm，钢板的长度和宽度应大于或等于 60mm。

四、钢筋机械连接检验的组批原则及取样数量规定

1. 工艺检验

钢筋连接工程开始前及施工工程中，应对每批进场钢筋进行接头工艺检验，工艺检验应符合下列要求：

（1）每种规格钢筋的接头试件不应少于 3 根。

（2）钢筋母材抗拉强度试件不应少于 3 根，且应取自接头试件的同一根钢筋。

（3）3 根接头试件的抗拉强度均应符合表 3-18 的规定,对于Ⅰ级接头,试件抗拉强度尚应或大于等于钢筋抗拉强度实测值的 0.95 倍;对于Ⅱ级接头,应大于 0.90 倍。

2. 现场检验

（1）接头的现场检验按验收批进行。同一施工条件下采用同一批材料的同等级、同形式、同规格接头,以 500 个为一验收批进行检验与验收。不足 500 个也作为一个验收批。

（2）对接头的每一验收批,必须在工程结构中随机截取 3 个接头试件做抗拉强度试验,按设计要求的接头等级进行评定。

（3）现场检验连续 10 个验收批抽样试件抗拉强度试验 1 次合格率为 100％时,验收批接头数量可扩大 1 倍。

五、钢筋焊接接头试样及机械连接接头试样尺寸的确定

1. 钢筋焊接接头试样

（1）钢筋电阻点焊、闪光对焊、电弧焊、电渣压力焊、气压焊、预埋件电弧焊、预埋件埋弧压力焊钢筋 T 型接头的拉伸试件尺寸见表 3-13。

表 3-13　钢筋焊接接头拉伸试样尺寸

焊接方法	接头形式	试样尺寸（mm）	
		L_s	$L \geqslant$
电阻点焊		—	300 $K_s + 2L_j$
闪光对焊		$8d$	$K_s + 2L_j$

续表 3-13

焊接方法	接头形式	试样尺寸(mm)	
		L_s	$L\geqslant$
电弧焊	双面帮条焊	$8d+L_h$	L_s+2L_j
	单面帮条焊	$8d+L_h$	L_s+2L_j
	双面搭接焊	$8d+L_h$	L_s+2L_j
	单面搭接焊	$5d+L_h$	L_s+2L_j
	熔槽帮条焊	$8d+L_h$	L_s+2L_j
	坡口焊	$8d$	L_s+2L_j
	窄间隙焊	$8d$	L_s+2L_j

续表 3-13

焊接方法	接头形式	试样尺寸(mm)	
		L_s	$L \geqslant$
电渣压力焊		$8d$	$L_s + 2L_j$
气压焊		$8d$	$L_s + 2L_j$
预埋件电弧焊		—	200
预埋件埋弧压力焊			

注:L_s. 受试长度,L_h. 焊缝(或镦粗),L_j. 夹持长度(100~200),L. 试样长度,d. 钢筋直径。

(2)弯曲试件尺寸。

①试样长度宜为两支辊内侧距离另加 150mm,具体尺寸可按

81

表 3-14 选用。

表 3-14 钢筋焊接接头弯曲试验参数

钢筋公称直径 (mm)	钢筋级别	弯心直径 (mm)	支辊内侧距 $(D+2.5d)$ (mm)	试样长度
12	HPB235	24	54	200
	HRB335	48	78	230
	HRB、RRB400	60	90	240
	HRB500	84	114	260
14	HPB235	28	63	210
	HRB335	56	91	240
	HRB、RRB400	70	105	250
	HRB500	98	133	280
16	HPB235	32	72	220
	HRB335	64	104	250
	HRB、RRB400	80	120	270
	HRB500	112	152	300
18	HPB235	36	81	230
	HRB335	72	117	270
	HRB、RRB400	90	135	280
	HRB500	126	171	320
20	HPB235	40	90	240
	HRB335	80	130	280
	HRB、RRB400	100	150	300
	HRB500	140	190	340
22	HPB235	44	99	250
	HRB335	88	143	290
	HRB、RRB400	110	165	310
	HRB500	154	209	360

②应将试样受压面的金属毛刺和镦粗变形部分去除至与母材外表齐平。

(3)抗剪试样尺寸。抗剪试样形式和尺寸应符合图 3-10、图 3-11 的规定。

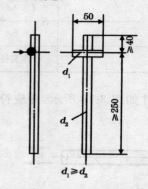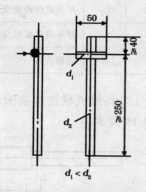

图 3-10　钢筋焊接骨架试样　　　　图 3-11　钢筋焊接网试样

2. 钢筋机械连接接头试样

(1)镦粗直螺纹钢的接头试件尺寸如图 3-12 所示,其应符合表 3-15 的要求。

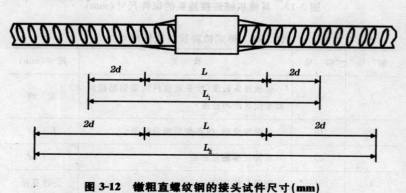

图 3-12　镦粗直螺纹钢的接头试件尺寸(mm)

表3-15　镦粗直螺纹钢的接头试件尺寸及变形量测标距

编　号	符　号	含　义	尺寸(mm)
1	L	机械的套筒长度加两端镦粗钢筋过渡段的长度	实　测
2	L_1	接头试件残余变形的量测标距	$L+4d$
3	L_2	接头试件极限应变的量测标距	$L+8d$
4	d	钢筋直径	公称直径

（2）其他机械连接接头的试件尺寸如图3-13所示，并应符合表3-16要求。

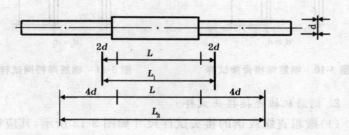

图3-13　其他机械连接接头的试件尺寸(mm)

表3-16　形式检验接头试件尺寸

编　号	符　号	含　义	尺寸(mm)
1	L	机械接头长度（接头连接件两端钢筋横截面变化区段的长度）	实　测
2	L_1	非弹性变形、线条变形测量标距	$L+4d$
3	L_2	总伸长率测量标距	$L+8d$
4	d	钢筋公称直径	公称直径

六、钢筋焊接接头试验的方法

1. 焊接接头的拉伸试验

(1)根据钢筋的级别和直径,应选用适配的拉力试验机或万能试验机。试验机应符合现行国家标准《金属拉伸试验方法》(GB/T 228—2002)中的相关规定。

(2)夹紧装置应根据试样规格选用,在拉伸过程中不得与钢筋产生相对滑移。

(3)在使用预埋件 T 形接头拉伸试验吊架时,应将拉杆夹紧于试验机的上钳口内,试样的钢筋应穿过垫板放入吊架的槽孔中心,钢筋下端应夹紧于试验机的下钳口内。

(4)试验前应采用游标卡尺复核钢筋的直径和钢板厚度。

(5)用静拉伸力对试样轴向拉伸时应连续而平稳,加载速率宜为 10～30MPa/s,将试样拉至断裂(或出现缩颈),可从测力盘上读取最大力或从拉伸曲线图上确定试验过程中的最大力。

(6)试验中,当试验设备发生故障或操作不当而影响试验数据时,试验结果应视为无效。

(7)当在试样断口上发现气孔、夹渣、未焊透、烧伤等焊接缺陷时,应在试验记录中注明。

(8)抗拉强度应按下式计算:

$$\sigma_b = F_b/S_o$$

式中　σ_b——抗拉强度(MPa),试验结果数值应修约到 5MPa,修约的方法应按现行国家标准《数值修约规则》(GB/T 8170—2008)的规定进行;

　　　F_b——最大力(N);

　　　S_o——试样公称截面面积(mm^2)。

2. 钢筋接头的抗剪试验

(1)剪切试验宜采用量程不大于 300kN 的万能试验机。

（2）剪切夹具可分为悬挂式夹具和吊架式锥形夹具两种，试验时，应根据试样尺寸和设备条件选用合适的夹具。

（3）夹具应安装于万能试验机的上钳口内，并应夹紧。试样横筋应夹紧于夹具的横槽内，不得转动。纵筋应通过纵槽夹紧于万能试验机的下钳口内，纵筋受拉的力应与试验机的加载轴线相重合。

（4）加载应连续而平稳，加载速率宜为 10～30MPa/s，直至试件破坏为止。从测力度盘上读取最大力，即为该试样的抗剪载荷。

（5）试验中，当试验设备发生故障或操作不当而影响试验数据时，试验结果应视为无效。

3. 钢筋接头的弯曲试验

（1）试验的长度宜为两支辊内侧距离另加 150mm，具体尺寸可按表 3-17 选用。

（2）应将试样受压面的金属毛刺和镦粗变形部分去除至与母材外表齐平。

（3）弯曲试验可在压力机或万能试验机上进行。

（4）进行弯曲试验时，试样应放在两支点上，并应使焊缝中心与压头中心线一致，应缓慢地对试样施加弯曲力，直至达到规定的弯曲角度或出现裂纹、破断为止。

（5）压头弯心直径和弯曲角度应按表 3-17 的规定确定。

表 3-17　压头弯心直径和弯曲角度

序　号	钢筋级别	弯心直径（D）		弯曲角
		$d\leqslant 25$（mm）	$d>25$（mm）	
1	HPB235	$2d$	$3d$	90°
2	HRB335	$4d$	$5d$	90°
3	HRB、RRB400	$5d$	$6d$	90°
4	HRB500	$7d$	$8d$	90°

注：1. d 为钢筋直径。

2. 直径大于 25mm 时，弯心直径应增加一倍钢筋直径。

86

（6）在试验过程中，应采取安全措施，防止试样突然断裂伤人。

七、钢筋焊接接头试验结果评定

1. 钢筋焊接骨架和焊接网

（1）钢筋焊接骨架、焊接网焊点剪切试验结果，3 个试件抗剪力平均值应符合下式要求：

$$F \geqslant 0.3A_o\sigma_s$$

式中　F——抗剪力（N）；

　　　A_o——纵向钢筋的横截面面积（mm^2）；

　　　σ_s——纵向钢筋规定的屈服强度（N/mm^2）。

注：冷轧带肋钢筋的屈服强度按 440N/mm^2 计算。

（2）冷轧带肋钢筋试件拉伸试验结果，其抗拉强度不得小于 550N/mm^2。

（3）当拉伸试验结果不合格时，应再切取双倍数量试件进行复验；复验结果均合格时，应评定该批焊接制品焊点拉伸试验合格。

当剪切试验结果不合格时，应从该批制品中再切取 6 个试件进行复验；当全部试件平均值达到要求时，应评定该批焊接制品焊点剪切试验合格。

2. 钢筋闪光对焊接头、电弧焊接头、电渣压力焊接头及气压焊接头拉伸试验结果

以上试验结果均应符合下列要求：

（1）3 个热轧钢筋接头试件的抗拉强度均不得小于该牌号钢筋规定的抗拉强度，RRB400 钢筋接头试件的抗拉强度均不得小于 570N/mm^2。

（2）至少应有 2 个试件断于焊缝之外，并应呈延性断裂。

当达到上述两项要求时，应评定该批接头为抗拉强度合格。

当试验结果有 2 个试件抗拉强度小于钢筋规定抗拉强度，或

3 个试件均在焊缝或热影响区发生脆性断裂时,则一次判定该批接头为不合格品。

当试验结果有 1 个试件抗拉强度小于规定值,或 2 个试件在焊缝或热影响区发生脆性断裂,其抗拉强度均小于钢筋规定抗拉强度的 1.10 倍时,应进行复验。复验时,应再切取 6 个试件。复验结果,当仍有 1 个试件的抗拉强度小于规定值,或有 3 个试件断于焊缝或热影响区,呈脆性断裂,其抗拉强度小于钢筋规定抗拉强度的 1.10 倍,应判定该批接头为不合格品。

注:当接头试件虽断于焊缝或热影响区,呈脆性断裂,但其抗拉强度大于或等于钢筋规定抗拉强度的 1.10 倍时,可按断于焊缝或热影响区之外,呈延性断裂同等对待。

(3)闪光对焊接头、气压焊接头弯曲试验。当试验结果,弯至 90°,有 2 个或 3 个试件外侧(含焊缝和热影响区)未发生破裂,应评定该批接头弯曲试验合格。

当 3 个试件均发生破裂,则一次判定该批接头为不合格品。

当有 2 个试件发生破裂,应进行复验。复验时,应再切取 6 个试件。当有 3 个试件发生破裂时,则判定该批接头为不合格品。

注:当试件外侧横向裂纹宽度大于 0.5mm 时,应认定已经破裂。

3. 预埋件钢筋 T 型接头拉伸试验结果

3 个试件的抗拉强度均应符合下列要求:

(1)HPB235 钢筋接头不得小于 350N/mm²。

(2)HRB335 钢筋接头不得小于 470N/mm²。

(3)HRB400 钢筋接头不得小于 550N/mm²。

当试验结果,3 个试件中有小于规定值时,应进行复验。复验时,应再取 6 个试件。复验结果,其抗拉强度均达到上述要求时,应评定该批接头为合格品。

八、钢筋的机械连接接头的试验方法及试验结果的评定

1. 试验方法

钢筋机械连接接头的抗拉强度试验方法按《金属拉伸试验方法》(GB/T 228—2002)执行,钢筋的横截面面积按公称面积计算。

2. 试验的数量和合格条件

对于钢筋接头的每一验收批,必须在工程结构中随机截取 3 个接头试件做抗拉强度试验,按设计要求的接头等级进行评定。当 3 个接头试件的抗拉强度均符合规程中相应等级的要求时(表3-18),该验收批评为合格。如有 1 个试件的强度不符合要求,应再取 6 个试件进行复检。复检中如仍有 1 个试件的强度不符合要求,则该验收批评为不合格。

注:破坏形态有钢筋拉断、接头连接件破坏、钢筋从连接件中拔出等几种。

对Ⅱ级和Ⅲ级接头无论试件属哪种破坏形态,只要试件抗拉强度满足该级接头的强度要求即为合格。对Ⅰ级接头,当试件断于钢筋母材时,即满足条件 $f_{mst}^0 \geqslant f_{st}^0$ 时,试件合格;当试件断于接头长度区段时,则应满足 $f_{mst}^0 \geqslant 1.10 f_{uk}$ 才能判为合格。

表 3-18　接头的抗拉强度要求

接头等级	Ⅰ级	Ⅱ级	Ⅲ级
抗拉强度	$f_{mst}^0 \geqslant f_{st}^0$ 或 $\geqslant 1.10 f_{uk}$	$f_{mst}^0 \geqslant f_{uk}$	$f_{mst}^0 \geqslant 1.35 f_{yk}$

注:f_{mst}^0. 接头试件的实际抗拉强度,f_{st}^0. 接头试件中钢筋抗拉强度实测值,f_{uk}. 钢筋抗拉强度标准值,f_{yk}. 钢筋屈服强度标准值。

第三节 钢筋锈蚀试验

一、钢筋锈蚀快速试验方法（新拌砂浆法）

1. 仪器设备

（1）恒电位仪。专用的符合本标准要求的钢筋锈蚀测量仪，或恒电位/恒电流仪，或恒电流仪，或恒电位仪（输出电流范围不小于 $0\sim2000\mu A$，可连续变化 $0\sim2V$，精度 $\leqslant1\%$）。

（2）甘汞电极。

（3）定时钟。

（4）电线。铜芯塑料线。

（5）绝缘涂料（石蜡：松香＝9：1）。

（6）试模。塑料有底活动模（尺寸为 40mm × 100mm × 150mm）。

2. 试验步骤

（1）制作钢筋电极。将 Ⅰ 级建筑钢筋加工制成直径为 7mm、长度为 100mm、表面粗糙度 Ra 的最大允许值为 $1.6\mu m$ 的试件，用汽油、乙醇、丙醇依次浸擦除去油脂，并在一端焊上长 130～150mm 的导线，再用乙醇仔细擦去焊油，钢筋两端浸涂热熔石蜡松香绝缘涂料，使钢筋中间暴露长度为 80mm，计算其表面积。经过处理后的钢筋放入干燥器内备用，每组试件 3 根。

（2）拌制新鲜砂浆。在无特定要求时，采用水灰比 0.5、灰砂比 1：2 配制砂浆，水为蒸馏水，砂为检验水泥强度用的标准砂，水泥为基准水泥（或按试验要求的配合比配制）。干拌 1min，湿拌 3min。检验外加剂时，外加剂按比例随拌和水加入。

（3）砂浆及电极入模。把拌制好的砂浆浇入试模中，先浇一半（厚 20mm 左右）。将两根处理好经检查无锈痕的钢筋电极平行放在砂浆表面,间距 40mm,拉出导线,然后灌满砂浆抹平,并轻敲几下侧板,使其密实。

(4)连接试验仪器。按图 3-14 连接试验装置,以一根钢筋作为阳极接仪器的"研究"与"＊号"接线孔,另一根钢筋为阴极(即辅助电极)接仪器的"辅助"接线孔,再将甘汞电极的下端与钢筋阳极的正中位置对准,与新鲜砂浆表面接触,并垂直于砂浆表面。甘汞电极的导线接仪器的"参比"接线孔。在一些现代新型钢筋锈蚀测量仪或恒电位/恒电流仪上,电极输入导线通常为集束导线,只需按规定将三个夹子分别接阳极钢筋、阴极钢筋和甘汞电极即可。

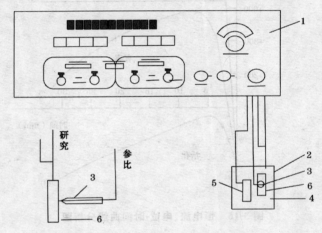

图 3-14 新鲜砂浆极化电位测试装置图
1. 钢筋锈蚀测量仪或恒电位/恒电流仪 2. 硬塑料模
3. 甘汞电极 4. 新拌砂浆 5. 钢筋阴极 6. 钢筋阳极

(5)测试。

①未通外加电流前,先读出阳极钢筋的自然电位 V(即钢筋阳极与甘汞电极之间的电位差值)。

②接通外加电流,并按电流密度 50×10^{-2} A/m²(即 50μA/

cm²)调整 μA 表至需要值。同时,开始计算时间,依次按 2min、4min、6min、8min、10min、15min、20min、25min、30min 及 60min,分别记录阳极极化电位值。

3. 试验结果处理

(1)以三个试验电极测量结果的平均值,作为钢筋阳极极化电位的测定值,以时间为横坐标,阳极极化电位为纵坐标,绘制电位-时间曲线(图 3-15)。

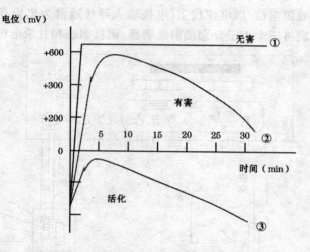

图 3-15 恒电流、电位-时间曲线分析图

(2)根据电位-时间曲线判断砂浆中的水泥、外加剂等对钢筋锈蚀的影响。

1)电极通电后,阳极钢筋电位迅速向正方向上升,并在 1~5min 内达到析氧电位值,经 30min 测试,电位值无明显降低,如图 3-15 中的曲线①属钝化曲线。表明阳极钢筋表面钝化膜完好无损,所测外加剂对钢筋是无害的。

2)通电后,阳极钢筋电位先向正方向上升,随着又逐渐下降,

92

如图 3-15 中的曲线②,说明钢筋表面钝化已部分受损。而图 3-15 中的曲线③属活化曲线,说明钢筋表面钝化膜破坏严重。这两种情况均表明钢筋钝化膜已遭破坏。但这时对试验砂浆中所含的水泥、外加剂对钢筋锈蚀的影响仍不能作出明确的判断,还必须再做硬化砂浆阳极极化电位的测量,以进一步判别外加剂对钢筋有无锈蚀危害。

3)通电后,阳极钢筋电位随时间的变化有时会出现图 3-15 中的曲线①和②之间的中间态情况,即电位先向正方上升至较高电位值(如 $\geqslant +600\,mV$),持续一段稳定时间,然后逐渐呈下降趋势,如电位值迅速下降,则属第②种情况。如电位值缓降,且变化不多,则试验和记录电位的时间再延长 30min,继续 35min、40min、45min、50min、55min 及 60min 分别记录阳极极化电位值,如果电位曲线保持稳定不再下降,可认为钢筋表面尚能保持完好钝化膜,所测外加剂对钢筋是无害的;如果电位曲线继续持续下降,可认为钢筋表面钝化膜已破损面转变为活化状态,对于这种情况,还必须再作硬化砂浆阳极极化电位的测量,以进一步判别外加剂对钢筋有无锈蚀危害。

二、钢筋锈蚀快速试验方法(硬化砂浆法)

1. 仪器设备

(1)恒电位仪。专用的符合本标准要求的钢筋锈蚀测量仪或恒电位/恒电流仪,或恒电流仪,或恒电仪(输出电流范围不小于 $0\sim2000\mu A$,可连续变化 $0\sim2V$,精度 $\leqslant 1\%$)。

(2)不锈钢片电极。

(3)甘汞电极(232 型或 222 型)。

(4)定时钟。

(5)电线。铜芯塑料线(型号 RV1×16/0.15mm)。

(6)绝缘涂料等。

（7）搅拌锅、搅拌铲。

（8）试模。长 95mm，宽和高均为 30mm 的棱柱体，模板两端中心带有固定钢筋的凹孔，其直径为 7.5mm，深 2～3mm，半通孔。试模用 8mm 厚硬聚氯乙烯塑料板制成。

2. 试验步骤

（1）制备埋有钢筋的砂浆电极。

①制备钢筋：采用 I 级建筑钢筋经加工制成直径 7mm、长度100mm、表面粗糙度 Ra 的最大允许值为 $1.6\mu m$ 的试件，使用汽油、乙醇、丙酮依次浸擦除去油脂，经检查无锈痕后放入干燥器中备用，每组 3 根。

②成型砂浆电极：将钢筋插入试模两端的预留凹孔中，位于正中。按配比拌制砂浆，灰砂比为 1：2.5，采用基准水泥、检验水泥强度用的标准砂、蒸馏水（用水量按砂浆稠度 5～7cm 进的加水量而定），外加剂采用推荐掺量。将称好的材料放入搅拌锅内干拌1min，湿拌 3min。将拌匀的砂浆灌入预先安放好钢筋的试模内，放置到检验水泥强度用的振动台上振动 5～10s，然后抹平。

③砂浆电极的养护及处理：试件成型后盖上玻璃板，移入标准养护室养护，24h 后脱模，用水泥净浆将外露的钢筋两头覆盖继续标准养护 2d。取出试件，除去端部的封闭净浆，仔细擦净外露钢筋头的锈斑。在钢筋的一端焊上 130～150mm 的导线，用乙醇擦去焊油，并在试件两端浸涂热熔石蜡松香绝缘，使试件中间暴露长度为 80mm，如图 3-16所示。

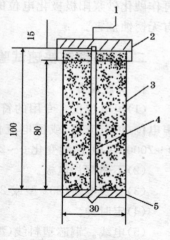

图 3-16　钢筋砂浆电极

（2）测试。

①将处理好的硬化砂浆电极置于饱和氢氧化钙溶液中浸泡数小时，直至浸透试件，其表征为监测硬化砂浆电极饱和氢氧化钙溶液中的自然电位至电位稳定且接近新拌砂浆中的自然电位。试验时应注意不同类型或不同掺量外加剂的试件不得放置在同一容器内浸泡，以防互相干扰。

②把一个浸泡后的砂浆电极移入盛有饱和氢氧化钙溶液的玻璃缸内，使电极浸入溶液的深度为 8cm，以它作为阳极，以不锈钢片作为阴极（即辅助电极），以甘汞电极作参比。按图 3-17 要求接好试验线路。

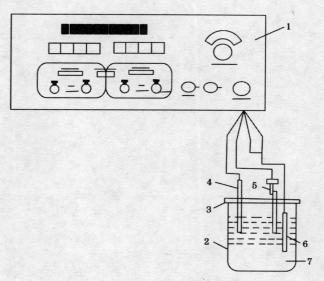

图 3-17　硬化砂浆极化电位测试装置图
1. 钢筋锈蚀测量仪或恒电位/恒电流仪　2. 1000mL 烧杯
3. 有机玻璃盖板　4. 不锈钢片（阴极）　5. 甘汞电极
6. 硬化砂浆电极（阳极）　7. 饱和氢氧化钙溶液

③未通外加电流前,先读出阳极(埋有钢筋的砂浆电极)的自然电位 V。

④接通外加电流,并按电流密度 50×10^{-2} A/cm²(即 $50\mu A/cm^2$)调整 μA 表至需要值。同时,开始计算时间,依次按 2min、4min、6min、8min、10min、15min、20min、25min 及 30min,分别记录埋有钢筋的砂浆电极阳极极化电位值。

3. 试验结果处理

同新拌砂浆法。

第四章　其他原材料试验

第一节　粉煤灰试验

一、粉煤灰试验参考的有关标准、规范、规程

(1)《用于水泥和混凝土中的粉煤灰》(GB 1596—2005)。

(2)《混凝土中掺用粉煤灰的技术规程》(GB J01—10—1993)。

(3)《粉煤灰混凝土应用技术规程》(GBJ 146—1990)。

(4)《水泥胶砂流动度测定方法》(GB/T 2419—2005)。

二、粉煤灰试样的取样方法和数量

(1)以连续供应的 200t 相同等级的粉煤灰为一批,不足 200t 者按一批论,粉煤灰的数量按干灰(含水量小于 1%)的重量计算。

(2)散装灰取样:从不同部位取 15 份试样,每份试样 1～3kg,混合拌匀,按四分法缩取比试验所需量大一倍的试样(称为平均试样)。

(3)袋装灰取样:从每批中任抽 10 袋,并从每袋中各取试样 1kg,混合拌匀,按四分法缩取比试验所需量大一倍的试样。

三、粉煤灰必试项目及试验方法

1. 必试项目

(1)细度。

(2)烧失量。

(3)需水量比。

2. 试验方法

(1)细度试验。

①称取试样 50g,精确至 0.1g,倒入 0.045mm 方孔筛筛网上,将筛子置于筛座上,盖上筛盖。

②接通电源,将定时开关开到 3min,开始筛析。

③开始工作后,观察负压表,负压大于 2000Pa 时,表示工作正常;若负压小于 2000Pa 时,则应停机,清理吸尘器中的积灰后再进行筛析。

④在筛析过程中,可用轻质木棒或橡胶棒轻轻敲打筛盖,以防吸附。

⑤3min 后筛析自动停止,停机后将筛网内的筛余物收集并称量,精确至 0.1g。

⑥粉煤灰细度按下式计算:

$$X = G \times 2\%$$

式中　X ——筛余百分数(%);

　　　G ——筛余物质克数。

(2)烧失量试验。

①称取约 1g 试样,准确至 1mg,置于已烘干至恒重的瓷坩埚中,将盖斜置于坩埚上,放在高温炉内从低温开始逐渐升高温度。在 950~1000℃ 温度下灼烧 15~20min,取出坩埚,置于干燥器中冷至室温。称量,如此反复灼烧,直至恒重。

②粉煤灰烧失量按下式计算:

$$X = (G - G_1) \times 100\%/G$$

式中　X ——粉煤灰烧失量(%);

　　　G ——灼烧前试样质量(g);

　　　G_1 ——灼烧后试样质量(g)。

（3）需水量比试验。

①样品：

试验样品：90g 粉煤灰，210g 硅酸盐水泥，750g 标准砂。

对比样品：300g 硅酸盐水泥，750g 标准砂。

②试验方法步骤：按《水泥胶砂流动度测定方法》（GB/T 2419—2005）进行。分别测定试验样品的流动度达 $125\sim135$mm 时的需水量 W_1（mL）和对比样品达到同一流动度时的需水量 W_2（mL）。

③需水量比按下式计算：

$$需水量比 = W_1 \times 100\% / W_2$$

计算结果精确到 1%。

四、粉煤灰必试项目试验结果评定

（1）在混凝土中掺用粉煤灰，其品质应符合《用于水泥和混凝土中的粉煤灰》（GB 1596—1991）规定的等级指标。其品质指标应满足表 4-1 的规定。

表 4-1　粉煤灰品质指标和级别

序　号	指　标	粉煤灰级别		
		Ⅰ	Ⅱ	Ⅲ
1	细度（0.045mm 方孔筛筛余%）不大于	12	20	45
2	烧失量（%）不大于	5	8	15
3	需水量比（%）不大于	95	105	115
4	三氧化硫（%）不大于	3	3	3
5	含水量（%）	1	1	不规定

注：代替细集料或用以改善和易性的粉煤灰不受此规定的限制。

上述粉煤灰主要用作水泥中掺加的混合材料和混凝土中代替部分水泥。

(2)按委托等级评定。

(3)凡符合表 4-1 中各级技术要求的为等级品。若其中任何一项不符合要求,应重新加倍取样,进行复验。复验仍不合格的按试验数据作降级处理。

(4)凡低于表 4-1 技术要求中最低级别技术要求的粉煤灰为不合格品。

第二节 砌墙砖及砌块试验

砌墙砖及砌块主要是指普通烧结砖、烧结多孔砖、烧结空心砖和空心砌块、非烧结普通砖和砌块、普通混凝土小型砌块等。

一、砌墙砖及砌块试验依据的有关标准、规范、规程及规定

(1)《砌体工程施工质量验收规范》(GB 50203—2002)。

(2)《砌墙砖检验规则》(JC 466—1996)。

(3)《砌墙砖试验方法》(GB/T 2542—2003)。

(4)《混凝土小型空心砌块试验方法》(GB/T 4111—1997)。

(5)《烧结普通砖》(GB 5101—2003)。

(6)《烧结多孔砖》(GB 13544—2000)。

(7)《烧结空心砖和空心砌块》(GB 13545—2003)。

(8)《非烧结普通黏土砖》(JC 422—1996)。

(9)《粉煤灰砖》(JC 239—2001)。

(10)《粉煤灰砌块》(JC 238—1996)。

(11)《蒸压灰砂砖》(GB 11945—1999)。

(12)《蒸压灰砂空心砖》(JC/T 637—1996)。

(13)《普通混凝土小型空心砌块》(GB 8239—1997)。

(14)《轻集料混凝土小型空心砌块》(GB/T 15229—2002)。

(15)《蒸压加气混凝土砌块》(GB/T 11968—2006)。

二、砌墙砖及砌块的组批原则

砌墙砖检验批的批量宜在 3.5～15 万块范围内,但不得超过一条生产线的日产量。每检验批的砌墙砖质量差异不应太大。

(1)烧结普通砖每 15 万块为一检验批,不足 15 万块时也为一检验批。

(2)粉煤灰砖每 10 万块为一批,不足 10 万块也为一批。

(3)蒸压灰砂砖每 10 万块为一批,不足 10 万块但在 2 万块以上者也为一批。

(4)烧结多孔砖每 5 万块为一批,不足 5 万块也为一批。

(5)烧结空心砖和空心砌块每 3 万块为一批,不足该数量时,仍按一批计。

(6)粉煤灰砌块性能的复验,以 200m³ 为一批抽样检测。

(7)普通混凝土小型空心砌块以同一种原材料配制成的相同外观质量等级、强度等级和同一工艺生产的每 1 万块砌块为一批,不足 1 万块者也按一批计。

(8)轻集料混凝土小型空心砌块以同一种原材料配制成的相同外观质量等级、强度等级和同一工艺生产的每 1 万块砌块为一批,不足 1 万块者也按一批计。

砌墙砖随机抽样数量由检验项目确定,两个以上检验项目时,下列非破坏性检验项目的砖样允许在检验后继续用作其他检验,抽样数量可不包括重复使用的样品数:外观质量、尺寸偏差、体积密度、孔洞率。

从砖垛中抽样,可根据表 4-2 确定抽样砖垛数及每垛抽样数量。

表 4-2　砌墙砖抽样规定

抽样数量（块）	砖垛数（垛）	抽样砖垛数（垛）	每垛抽样数（块）
50	≥250	50	1
	125～250	25	2
	<125	10	5
20	≥100	20	1
	<100	10	2
10 或 5	任意	10 或 5	1

三、烧结普通砖试验

（一）烧结普通砖取样

外观质量检验的砖样采用随机抽样法在每一检验批的产品堆中抽取，尺寸偏差检验的样品用随机抽样法从外观质量检验后的样品中抽取。其他检验项目的样品用随机抽样法从外观质量和尺寸偏差检验后的样品中抽取。只进行单项检验可直接从检验批中随机抽取。抽样数量按表 4-3 确定。外观质量采用两次（n_1，n_2）抽样方案。

表 4-3　烧结普通砖取样数量

序　号	检验项目	抽样数量（块）	序　号	检验项目	抽样数量（块）
1	外观质量	$n_1 = n_2 = 50$	5	石灰爆裂	5
2	尺寸偏差	20	6	冻　融	5
3	强度等级	10	7	吸水率和饱和系数	5
4	泛　霜	5			

(二)烧结普通砖的必试项目及试验方法

1. 必试项目

必试项目为强度等级。其他试验项目有抗风化、泛霜、石灰爆裂及抗冻。

2. 试验方法

(1)烧结普通砖抗压强度试验方法。

①抗压强度试验按《砌墙砖试验方法》(GB/T 9542—1992)中的规定进行。砖样数量为 10 块。试验机的示值相对误差不超出±1%,机下加压板应为球铰支座,预期最大破坏荷载应在试验机量程的 20%~80%之间。

②制备试件:将试样切断或锯成两个半截砖,断开的半截砖长不得小于 100mm,如果不足 100mm,应另取备用试样重新切断。

在制备试样的平台上,将已断开的半截砖放入室温的净水中浸 10~20min 后取出,并以断口相反方向叠放,两者中间抹以厚度不超过 5mm 的用 32.5 级普通硅酸盐水泥调制成稠度适宜的水泥净浆粘结。上、下两面厚度不超过 3mm 的同种水泥净浆抹平。制成的试件上、下两面须相互平行,并垂直于侧面。

③将制成的抹面试件,置于不低于 10℃的不通风室内养护 3d,再进行试验。

试件在受压前先测量每个试件受压面和连接面的长、宽尺寸各两个,分别取其平均值,精确至 1mm。将试件平放在试验机加压板的中央,垂直于受压面均匀平稳地加荷,不得发生冲击或振动。加荷速度应控制在 4kN/s,直至试件破坏为止,记录最大破坏荷载 P。

(2)试验结果计算。每块试样的抗压强度 f_i,按下式计算(精确至 0.01MPa):

$$f_i = \frac{P}{LB}$$

式中 f_i ——抗压强度(MPa);

    P ——最大破坏荷载(N);

    L ——受压面(连接面)的长度(mm);

    B ——受压面(连接面)的宽度(mm)。

通过试验得到试样抗压强度算术平均值和标准值或单块最小值(精确至 0.1MPa)。

(3)烧结普通砖强度等级评定。在试验结果得到试样抗压强度算术平均值和标准值或单块最小值的基础上分别计算出强度变异系数 δ 和标准差 S。

$$\delta = \frac{S}{\overline{f}}$$

$$S = \sqrt{\frac{1}{9}\sum_{i=1}^{10}(f_i - \overline{f})^2}$$

式中 δ ——砖强度变异系数,精确至 0.01;

    S ——10 块试样的抗压强度标准差,精确至 0.01MPa;

    $\overline{f}$ ——10 块试样的抗压强度平均值,精确至 0.01MPa;

    f_i ——单块试样抗压强度测定值,精确至 0.01MPa。

①平均值-标准值方法评定:强度变异系数 $\delta \leqslant 0.21$ 时,按表 4-4 中抗压强度平均值和强度标准值评定砖和砌块的强度等级。

样本量 $n=10$ 时的强度标准值按下式计算:

$$f_k = \overline{f} - 1.8S$$

式中 f_k ——强度标准值(MPa),精确至 0.01MPa。

②平均值-最小值方法评定:变异系数 $\delta > 0.21$ 时,计算得到的抗压强度算术平均值和单块最小抗压强度值,按表 4-4 评定砖的强度等级。精确至 0.1MPa。

强度等级试验结果应符合表 4-4 的规定。

表 4-4 烧结普通砖强度等级 （单位：MPa）

强度等级	抗压强度平均值 $\bar{f} \geqslant$	变异系数 $\delta \leqslant 0.21$	变异系数 $\delta > 0.21$
		强度标准值 $f_k \geqslant$	单块最小抗压强度值 $f_{min} \geqslant$
MU30	30.0	22.0	25.0
MU25	25.0	18.0	22.0
MU20	20.0	14.0	16.0
MU15	15.0	10.0	12.0
MU10	10.0	6.5	7.5

四、烧结多孔砖试验

1. 烧结多孔砖必试项目及试件制作

(1)抗压强度试验。烧结多孔砖以单块整砖沿竖孔方向加压。

(2)试件制作。采用坐浆法操作，即将玻璃板置于试件制备平台上，其上铺一张湿的垫纸，纸上铺一层厚度不超过 5mm 的用 32.5 强度等级或 42.5 强度等级普通硅酸盐水泥制成稠度适宜的水泥净浆，再将在水中浸泡 10~20min 的试样在钢丝网架上滴水 3~5min 后平稳地将受压面坐放在水泥浆上，在另一受压面上稍加压力，使整个水泥层与砖受压面相互粘结，砖的侧面应垂直于玻璃板。待水泥浆适当凝固后，连同玻璃板翻放在另一铺纸放浆的玻璃上，再进行坐浆，用水平尺校正好玻璃板的水平。

制成的抹面试件应置于不低于 10℃的不通风室内养护 3d，再进行试验。

(3)试验方法和步骤。

①测量每个试件连接面或受压面的长、宽尺寸各两个，分别取其平均值，精确至 1mm。

②将试件平放在加压板的中央,垂直于受压面加荷,应均匀平稳,不得发生冲击或振动,加荷速度以 4kN/s 为宜,直至试件破坏为止,记录最大破坏荷载 P。

2. 试验结果计算

每块试样的抗压强度 f_i,计算式(精确至 0.01MPa)同本书第 103 页。

通过试验得到试样抗压强度算术平均值和标准值或单块最小值(精确至 0.1MPa)。

3. 烧结多孔砖强度等级评定

在试验结果得到试样抗压强度算术平均值和标准值或单块最小值的基础上分别计算出强度变异系数 δ 和标准差 S,计算式同本书第 104 页。

(1)强度变异系数 $\delta \leqslant 0.21$ 时,按表 4-4 中抗压强度平均值和强度标准值评定砖和砌块的强度等级。

样本量 $n=10$ 时的强度标准值 f_k 计算同本书 P104 页。

(2)强度变异系数 $\delta > 0.21$ 时,计算得到的抗压强度算术平均值和单块最小抗压强度值,按表 4-4 评定砖的强度等级,精确至 0.1MPa。

强度等级试验结果应符合表 4-4 的规定。

五、烧结空心砖和空心砌块抗压强度试验

(1)烧结空心砖和空心砌块抗压强度试验按《砌墙砖试验方法》(GB/T 2542—2003)规定进行。取试样 10 块以砖的大面抗压强度结果表示。

(2)强度变异系数 δ 和标准差 S 计算式同本书第 104 页。

(3)结果计算与评定。

①平均值-标准值方法评定:强度变异系数 $\delta \leqslant 0.21$ 时,按表 4-5 中抗压强度平均值和强度标准值评定砖和砌块的强度

等级。

②平均值—最小值方法评定:变异系数 $\delta > 0.21$ 时,计算得到的抗压强度算术平均值和单块最小抗压强度值,按表 4-5 评定砖的强度等级(精确至 0.1MPa)。

强度等级试验结果应符合上表 4-5 的规定。

表 4-5　烧结空心砖和空心砌块强度等级

强度等级	抗压强度平均值 $\overline{f} \geqslant$	抗压强度(MPa) 变异系数 $\delta \leqslant 0.21$ 强度标准值 $f_k \geqslant$	抗压强度(MPa) 变异系数 $\delta > 0.21$ 单块最小抗压强度值 $f_{min} \geqslant$
MU10.0	10.0	7.0	8.0
MU7.5	7.5	5.0	5.8
MU5.0	5.0	3.5	4.0
MU3.5	3.5	2.5	2.8
MU2.5	2.5	1.6	1.8

六、非烧结普通黏土砖

非烧结普通黏土砖必试项目及试验方法如下:

1. 抗折强度

(1)试验设备。材料试机,精度为 3‰;钢尺,精度为 1mm。

(2)试件数量。试验用砖样 5 块。

(3)试验步骤。测量每块砖样的宽度 b 和厚度 h 各两个,精确至 1mm,取其平均值。将砖样大面平放在材料试验机抗折活动支架上,上压辊和下支辊的曲率半径为 15mm,下支辊应有一个为铰接固定两支辊的中心距离 L 为 200mm,加压点应放在 $L/2$ 处。

以每秒 0.05MPa 的速度均匀加荷,直至砖样折断。记录最大破坏荷重 P。

(4)试验结果计算。

$$R_折 = \frac{3PL}{2BH^2}$$

式中　$R_折$——抗折强度(MPa)；

　　　P——最大破坏荷重(N)；

　　　L——跨距(mm)(支点间的距离为200mm)；

　　　B——试件宽度(mm)；

　　　H——试件厚度(mm)。

抗折强度以砖样试验结果的算术平均值和单块试件的最小强度值表示,计算精确至0.1MPa。

2. 抗压强度

(1)试验设备。材料试验机,精度为3%；钢尺,精度为1mm。

(2)试件要求及数量。通常取抗折试验后的砖样(半砖),半砖完整部分长应大于100mm(图4-1),不足时应另取砖样补足10块,两半砖相叠为一个试件。

(3)试验步骤。将两块半砖按断口方向相反叠放,叠合部分不小于100mm(图4-2)。

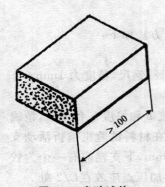

图4-1　半砖试件

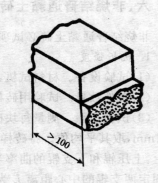

图4-2　两个半砖相叠示意图

测量每个试件叠合面的长度和宽度各两个，精确至 1mm，取其平均值，计算砖样的受压面积 F。

将相叠的砖样放在材料试验机加压板的中央，以每秒 0.5MPa 的速度均匀加荷，直至试件破坏，记录最大破坏荷载 P。

（4）试验结果计算及评定。

$$R_压 = \frac{P}{F}$$

式中　$R_压$——抗压强度（MPa）；

　　　　P——最大破坏荷载（N）；

　　　　F——受压面积（mm²）。

抗压强度以砖样试验结果的算术平均值和单块强度最小值表示，计算精确至 0.1MPa。

各级别砖的抗压强度应符合表 4-6 的规定。

表 4-6　非烧结普通黏土砖的强度等级

强度等级	抗压强度（MPa）		抗折强度（MPa）	
	平均值 不小于	单块最小值 不小于	平均值 不小于	单块最小值 不小于
MU15	15.0	10.0	2.5	1.5
MU10	10.0	6.0	2.0	1.2
MU7.5	7.5	4.5	1.5	0.9

七、粉煤灰砖试验

1. 粉煤灰砖的必试项目

抗压强度和抗折强度。

2. 试验要求

抗压强度试验、抗折强度试验应按《砌墙砖试验方法》（GB/T 2542—2003）的规定进行，试验机的示值相对误差不大于±1%，其下加压板应为球绞支座,预期最大破坏荷载应为量程的 20%~80%。

3. 试验步骤

抗折强度试验的加荷形式为三点加荷,其上压辊和下支辊的曲率半径 15mm,下支辊应有一个铰接固定。

按规定测量试样的宽度和高度尺寸各 2 个,分别取其算术平均值,精确至 1mm。宽度应在砖的两个大面的中间处分别测量两个尺寸,高度应在两个条面的中间处分别测量两个尺寸。当被测处有缺损或凸出时,可在其旁边测量,但应选择不利的一侧。

调整抗折夹具下支辊的距离,应为砖规格长度减去 40mm。

试样放在温度为(20±5)℃的水中浸泡 24h 后取出,用湿布拭去其表面水分。将试样大面平放在支辊上,试样两端面与下支辊的距离应相同,当试样有裂缝时或凹陷时,应使有裂缝或凹陷的大面朝下,以 50~150N/s 的速度均匀加荷,直至试样断裂,记录最大破坏荷载 P。

4. 试验结果计算及评定

每块试样的抗折强度 $R_{压}$ 按计算式同本书第 109 页。

强度等级应符合表 4-7 的规定,优等品砖的强度等级应不低于 MU15。

表 4-7　粉煤灰砖强度指标

强度等级	抗压强度(MPa)		抗折强度(MPa)	
	10 块平均值≥	单块值	10 块平均值≥	单块值≥
MU30	30.0	24.0	6.2	5.0
MU25	25.0	20.0	5.0	4.0
MU20	20.0	16.0	4.0	3.2
MU15	15.0	12.0	3.3	2.6
MU10	10.0	8.0	2.5	2.0

八、粉煤灰砌块抗压强度试验

1. 试验要求

试验机的精度（示值的相对误差）应小于 2%，其量程应能使试件的预期破坏荷载值不小于全量程的 20%，同时不大于全量程的 80%。

2. 试验步骤

抗压试验时，将试件置于压力机加压板的中央，承压面应与成型时的顶面垂直，以每秒 0.2～0.3MPa 的加荷速度加荷至试件破坏。

3. 结果计算及评定

每块试件的抗压强度 $R_压$ 计算式同本书第 109 页。

抗压强度取 3 个试件的算术平均值。以边长为 200mm 的立方体试件为标准试件，当采用边长为 150mm 立方体试件时，结果须乘以 0.95 折算系数；采用边长为 100mm 时立方体试件时，结果须乘以 0.90 折算系数。

试验结果评定：如果所得 3 块试件的立方体抗压强度符合表 4-8 中 13 级规定的要求时，判该批砌块的强度等级为 13 级；如果只符合 10 级规定的要求，则判该批砌块的强度等级为 10 级；如果不符合 10 级规定的要求，则判该砌块不合格。

表 4-8　粉煤灰砌块的强度等级

项　目	指　标	
	10 级	13 级
抗压强度（MPa）	3 块试件平均值不小于 10.0MPa 单块最小值 8.0MPa	3 块试件平均值不小于 13.0MPa 单块最小值 10.5MPa

九、蒸压灰砂砖试验

1. 蒸压灰砂砖抗折强度试验

(1)抗折强度试验要求。材料试验机的示值相对误差不大于±1%，量程的选择应使试样的最大破坏荷载落在满载的20%~80%之间。试样5块，表面要求平整。将砖样放在温度为(20±5)℃以上的水中浸泡24h后取出，用湿布拭去表面水分。

(2)试验步骤、结果计算及评定。与粉煤灰砖的抗折强度的试验步骤、结果计算相同，其中加荷速度为50~150kN/s均匀加荷。试验结果评定按5个砖样试验值的算术平均值和单块最小值来评定(表4-9)，精确至0.01MPa。

2. 蒸压灰砂砖抗压强度试验

(1)抗压强度试验要求。材料试验机示值相对误差不大于±1%，量程的选择应使试样的最大破坏荷载落在满载的20%~80%。

(2)试验步骤、结果计算及评定。

①试验步骤：试样切断或锯成两个半截砖，将两块半截砖断口相反叠放，叠合部分不得小于100mm，如果不足100mm时，应另取备用砖样补足。将砖样平放在材料试验机加压板的中央，以4kN/s的速度加荷为宜，加荷直至砖样破坏。

②结果计算：抗压强度 f_i 计算式同本书第103页。

③结果评定：抗压强度和抗折强度的级别由试验结果的平均值和最小值判定。

十、蒸压灰砂空心砖抗压强度试验

1. 抗压强度试验要求

(1)仪器设备。材料试验机示值相对误差不超过1%，量程的选择应使试样的最大破坏荷载落在满载的20%~80%。

（2）试样数量和要求。

①蒸压灰砂砖，取 10 块整砖，以 2 块整砖叠合沿竖孔方向加压。

②除蒸压灰砂砖外，其他规格的砖取 5 块整砖，以单块整砖沿竖孔方向加压。

③试样处理：将试样放在（20±5）℃的水中浸泡 24h 后取出，用湿布擦去表面水分。

2. 试验方法、结果计算及评定

（1）试验方法。标准测量试样的长度和宽度（精确至 1mm）。将整块试样平放在材料试验机加压板中央，且竖孔开口朝下，以 4kN/s 的速度加荷直至破坏。

（2）结果计算及评定。

①结果计算：抗压强度 f_i 同本书第 103 页。

②结果评定：按 5 块试样抗压强度的算术平均值和单块值来确定，精确至 0.1MPa。抗压强度应符合表 4-9 的规定。优等品的强度级别应不低于 15 级，一等品的强度级别应不低于 10 级。

表 4-9 蒸压灰砂空心砖抗压强度等级

强度级别	抗压强度（MPa）	
	5 块平均值≥	单块值≥
MU25	25.0	20.0
MU20	20.0	16.0
MU15	15.0	12.0
MU10	10.0	8.0
MU7.5	7.5	6.0

十一、普通混凝土小型空心砌块抗压强度试验

1. 抗压强度试验要求

（1）试验设备要求。

①材料试验机：示值误差应不大于 2％，其量程选择应能使试件的预期破坏荷载落在满量程的 20％～80％。

②钢板：厚度不小于 10mm，平面尺寸应大于 440mm × 240mm。钢板的一面需平整，精度要求在长度方向范围内的平面度不大于 0.1mm。

③玻璃平板：厚度不小于 6mm，平面尺寸与钢板的要求相同。

④水平尺。

（2）试件要求。试件数量为 5 个砌块。要处理试件的坐浆面和铺浆面，使之成为互相平行的平面。将钢板置于稳固的底座上，平整面向上，用水平尺调至水平。在钢板上先薄薄地涂一层机油，或铺一层湿纸，然后铺一层以 1 份重量的 32.5 强度等级以上的普通硅酸盐水泥和 2 份细砂，加入适量的水调成的砂浆，将试件的坐浆面湿润后平稳地压入砂浆层内，使砂浆层尽可能均匀，厚度为 3～5mm。将多余的砂浆沿试件棱边刮掉。静置 24h 以后，再按上述方法处理试件的铺浆面。为使两面能彼此平行，在处理铺浆面时应将水平尺置于现已向上的坐浆面上调至水平。在温度 10℃以上不通风的室内养护 3d 后做抗压强度试验。

为缩短时间，也可在坐浆面砂浆层处理后，不经静置立即在向上的铺浆面上铺一层砂浆，压上事先涂油的玻璃平板，边压边观察砂浆层，将气泡全部排除，并用水平尺调至水平，直至砂浆层平而均匀，厚度达 3～5mm。

2. 试验方法、结果计算及评定

（1）试验方法。按标准方法测量（长度在条面的中间，高度在顶面的中间测量。每项在对应两面各测一次，精确至 1mm）每个

试件的长度和宽度,分别求出各个方向的平均值,精确至 1mm。

将试件置于试验机承压板上,使试件的轴线与试验机压板的压力中心重合,以 10～30kN/s 的速度加荷,直至试件破坏,记录最大破坏荷载 P。

若试验机压板不足以覆盖试件受压面时,可在试件的上、下承压面加辅助钢压板。辅助钢压板的表面光洁度应与试验机原压板同,其厚度至少为原压板边至辅助钢压板最远角距离的三分之一。

(2)结果计算与评定。每个试件的抗压强度计算式同 103 页。

试验结果以 5 个试件抗压强度的算术平均值和单块最小值表示,精确至 0.1MPa。

强度等级应符合表 4-10 的规定。

表 4-10　普通混凝土小型空心砌块强度等级

强度等级	砌块抗压强度(MPa)	
	平均值不大于	平均值不小于
MU3.5	3.5	2.8
MU5.0	5.0	4.0
MU7.5	7.5	6.0
MU10.0	10.0	8.0
MU15.0	15.0	12.0
MU20.0	20.0	16.0

十二、轻集料混凝土小型空心砌块试验

1. 轻集料混凝土小型空心砌块抗压强度试验

按《混凝土小型空心砌块试验方法》(GB/T 4111—1997)有关规定进行(同普通混凝土小型空心砌块)。

2. 块体密度和空心率试验

(1)试验设备。

①磅秤：最大称量 50kg，感量 0.05kg。

②水池或水箱。

③水桶：大小应能悬浸一个主规格的砌块。

④吊架：如图 4-3 所示。

⑤电热鼓风干燥箱。

(2)试件数量。3 个砌块。

(3)块体密度和空心率试验方法及步骤。按标准方法测量(同抗压强度的测量方法)试件的长度、高度，分别求出各个方向的平均值，计算每个试件的体积 V，精确至 $0.001m^3$。

将试件放入电热鼓风干燥箱内，在 (105 ± 5)℃温度下至少干燥 24h，然后每间隔 2h 称量一次，直至两次称量之差不超过后一次称量的 0.2% 为止。

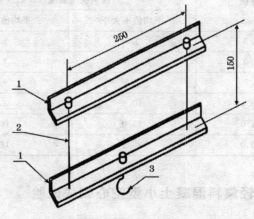

图 4-3 吊架
1. 角钢(30mm×20mm) 2. 拉筋 3. 钩子(与两端拉筋等距离)

待试件在电热鼓风干燥箱内冷却至与室温之差不超过 20℃

后取出,立即称其绝干质量 m,精确至 0.05kg。

将试件浸入室温 15～25℃ 的水中,水面应高出试件 20mm 以上,24h 后将其分别移到水桶中,称出试件的悬浸质量 m_1,精确至 0.05kg。

称取悬浸质量的方法如下:将磅秤置于平稳的支座上,在支座的下方与磅秤中线重合处放置水桶。在磅秤底盘上放置吊架,用钢丝把试件悬挂在吊架上,此时试件应离开水桶的底面且全部浸泡在水中。将磅秤读数减去吊架和钢丝的质量,即为悬浸质量。

将试件从水中取出,放在钢丝网架上滴水 1min,再用拧干的湿布拭去内、外表面的水,立即称其面干潮湿状态的质量 m_2,精确至 0.05kg。

(4)结果计算与评定。每个试件的块体密度按下式计算(精确至 10kg/m³)。

$$r = \frac{m}{V}$$

式中　r ——试件的块体密度(kg/m³);

　　　m ——试件的绝干质量(kg);

　　　V ——试件的体积(m³)。

每个试件的空心率按下式计算,精确至 1%。

$$K_r = \left(1 - \frac{m_2 - m_1}{D/V}\right) \times 100\%$$

式中　K_r ——试件的空心率(%);

　　　m_1 ——试件悬浸质量(kg);

　　　m_2 ——试件面干潮湿状态的质量(kg);

　　　V ——试件体积(m³);

　　　D ——水的密度(1000kg/m³)。

砌块的空心率以 3 个试件空心率的算术平均值表示,精确至 1%。

强度等级应符合表 4-11 要求者为一等品，密度等级范围不满足要求者为合格品。

表 4-11　轻集料混凝土小型空心砌块等级

强度等级	砌块抗压强度（MPa）		密度等级范围（kg/m³）
	平均值	最小值	
MU1.5	≥1.5	1.2	≤600
MU2.5	≥2.5	2.0	≤800
MU3.5	≥3.5	2.8	≤1200
MU5.0	≥5.0	4.0	
MU7.5	≥7.5	6.0	≤1400
MU10.0	≥10.0	8.0	

第三节　回填土试验

一、回（压实）填土试验依据有关的标准、规范

(1)《建筑地基基础设计规范》(GB 50007—2002)。

(2)《建筑地基基础工程施工质量验收规范》(GB 50202—2002)。

(3)《土工试验方法标准》(GB/T 50123—1999)。

(4)《建筑地基处理技术规范》(JGJ 79—2002)。

二、回（压实）填土的概念及质量指标控制

(1)回（压实）填土的概念。回（压实）填土包括分层压实和分层夯实的填土。当利用回（压实）填土作为建筑工程的地基持力层

时,在平整场地前,应根据结构类型、填料性能和现场条件等,对拟压实的填土提出质量要求。

(2)回(压实)填土的质量指标控制。回(压实)填土的质量以压实系数 λ_c 控制,并应根据结构类型和压实填土所在部位按表4-12确定。

表 4-12　回(压实)填土的质量控制

质量指标控制	填土部位	压实系数 (λ_c)	控制含水量 (%)
砌体承重结构和框架结构	在地基主要受力层范围内	$\geqslant 0.97$	$\omega_{oP} \pm 2$
	在地基主要受力层范围以下	$\geqslant 0.95$	
排架结构	在地基主要受力层范围内	$\geqslant 0.96$	
	在地基主要受力层范围以下	$\geqslant 0.94$	

注:1. 压实系数 λ_c 为压实填土的控制干密度 ρ_d 的与最大干密度 ρ_{dmax} 的比值,ω_{oP} 为最优含水量。

　2. 地坪垫层以下及基础底面标高以上的,压实系数不应小于 0.94。

回(压实)填土的最大干密度和最优含水量,宜采用击实试验确定,当无试验资料时,最大干密度可按下式计算

$$\rho_{dmax} = \eta \frac{\rho_w d_s}{1 + 0.01\omega_{oP} d_s}$$

式中　ρ_{dmax} ——分层压实填土的最大干密度(g/cm^3);

　　　η ——经验系数,粉质黏土取 0.96,粉土取 0.97;

　　　ρ_w ——水的密度;

　　　d_s ——土粒相对密度(比重);

　　　ω_{oP} ——填料的最优含水量。

当填料为碎石或卵石时,其最大干密度可取 $2.0 \sim 2.2g/cm^3$。

三、确定回(压实)填土的最大干密度和最优含水率的试验方法

回(压实)填土的最大干密度和最优含水率,宜采用击实试验确定。击实试验方法是用标准的容器、锤击和击实方法,测定土的含水量和密度变化曲线,求得最大干密度时的最优含水量,是控制填土质量的重要指标之一。

(1)本试验分轻型击实和重型击实。轻型击实试验适用于粒径小于 5mm 的黏性土,重型击实试验适用于粒径不大于 20mm 的土样。采用三层击实时,最大粒径不大于 40mm。

(2)轻型击实试验的单位体积击实功约 592.2kJ/m³,重型击实试验的单位体积击实功约 2684.9kJ/m³。

(3)本试验所用的主要仪器设备(图 4-4、图 4-5)应符合下列规定:

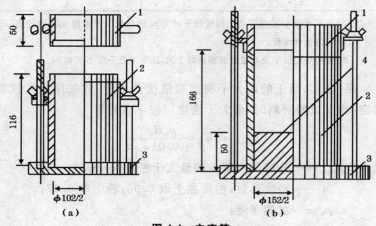

图 4-4 击实筒

(a)轻型击实筒 (b)重型击实筒

1. 套筒 2. 击实筒 3. 底板 4. 垫块

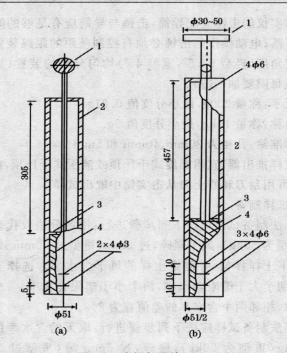

图 4-5 击锤与导筒(mm)

(a)2.5kg 击锤 (b)4.5kg 击锤

1. 提手 2. 导筒 3. 硬橡皮垫 4. 击锤

①击实仪的击实筒和击锤尺寸应符合表 4-13 的规定。

表 4-13 击实仪主要部件规格表

试验方法	锤底直径(mm)	锤质量(kg)	落高(mm)	击实筒			护筒高度(mm)
				内径(mm)	筒高(mm)	容积(cm³)	
轻型	51	2.5	305	102	116	947.4	50
重型	51	4.5	457	152	116	2103.9	50

②击实仪的击锤应配导筒,击锤与导筒应有足够的间隙使锤能自由下落;电动操作的击锤必须有控制落距的跟踪装置和锤击点按一定角度(轻型 53.5°,重型 45°)均匀分布的装置(重型击实仪中心点每圈要加一击)。

③天平:称量 200g,最小分度值 0.01g。

④台称:称量 10kg,最小分度值 5g。

⑤标准筛:孔径为 20mm、40mm 和 5mm。

⑥试样推出器:宜用螺旋式千斤顶或液压式千斤顶,如无此类装置,亦可用刮刀和修土刀从击实筒中取出试样。

(4)试样制备。

①干法制备试样应按下列步骤进行:用四分法取代表性土样 20kg(重型为 50kg),风干碾碎,过 5mm(重型过 20mm 或 40mm)筛,将筛下土样拌匀,并测定土样的风干含水率。选择五个含水率,其中两个大于塑限含水率,两个小于塑限含水率,一个接近塑限含水率,相邻两个含水率的差值宜为 2%。

②湿法制备试样应按下列步骤进行:取天然含水率的代表性土样 20kg(重型为 50kg),碾碎,过 5mm 筛(重型过 20mm 或 40mm),将筛下土样拌匀,并测定土样的天然含水率。根据土样的塑限预估最优含水率,按上述"①"条注的原则选择至少 5 个含水率的土样,分别将天然含水率的土样风干或加水进行制备,应使制备好的土样水分均匀分布。

(5)击实试验步骤。

①将击实仪平稳置于刚性基础上,击实筒与底座连接好,安装好护筒,在击实筒内壁均匀涂一薄层润滑油。称取一定量试样,倒入击实筒内,分层击实,轻型击实试样为 2～5kg,分 3 层,每层 25 击;重型击实试样为 4～10kg,分 5 层,每层 56 击,若分 3 层,每层 94 击。每层试样高度宜相等,两层交界处的土面应刨毛。击实完成时,超出击实筒顶的试样高度应小于 6mm。

②卸下护筒,用直刮刀修平击实筒顶部的试样,拆除底板,试样底部若超出筒外,也应修平,擦净筒外壁,称筒与试样的总质量,准确至 1g,并计算试样的湿密度。

③用推土器将试样从击实筒中推出,取两个代表性试样测定含水率,两个含水率的差值应不大于 1%。

④对不同含水率的试样依次击实。

(6)试样的干密度应按下式计算。

$$\rho_d = \frac{\rho_0}{1 + 0.01\omega_i}$$

式中　ρ_d——试样干密度(g/cm³);

　　　ρ_0——试样的湿密度(g/cm³);

　　　ω_i——试样的含水率(%)。

(7)干密度和含水率的关系曲线,应在直角坐标纸上绘制(图4-6)。并应取曲线峰值点相应的纵坐标为击实试样的最大干密度,相应的横坐标为击实试样的最优含水率。当关系曲线不能绘出峰值点时,应进行补点,土样不宜重复使用。

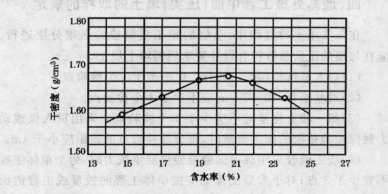

图 4-6　ρ_d-ω 关系曲线

(8)轻型击实试验中,当试样中粒径大于 5mm 的土质量小于或等于试样总质量的 30% 时，应对最大干密度和最优含水率进行校正。

①最大干密度应按以下校正：

$$\rho'_{dmax} = \cfrac{1}{\cfrac{1-P_5}{\rho_{dmax}} + \cfrac{P_5}{\rho_w G_{s2}}}$$

式中　ρ'_{dmax}——校正后试样的最大干密度（g/cm³）；

P_5——粒径大于 5mm 土的质量百分数（%）；

G_{s2}——粒径大于 5mm 土粒的饱和面干比重。

注：饱和面干比重指当土粒呈饱和面干状态时的土粒总质量与相当于土粒总体积的纯水 4℃ 时质量的比值。

②最优含水率应按以下校正，计算至 0.1%。

$$\omega'_{opt} = \omega_{opt}(1-P_5) + P_5\omega_{ab}$$

式中　ω'_{opt}——校正后试样的最优含水率（%）；

ω_{opt}——击实试样的最优含水率（%）；

ω_{ab}——粒径大于 5mm 土粒的吸着含水率（%）。

四、地基处理工程中回（压实）填土的取样的规定

在压实填土的过程中，垫层的施工质量检验必须分层进行。应在每层的压实系数符合设计要求后铺填上层土。

（1）对大基坑每（50～100）m² 应不少于 1 个检验点。

（2）对基槽每（10～20）m 应不少于 1 个检验点。

（3）每一独立柱基础不应少于 1 个检验点。采用贯入仪或动力触探检验垫层的施工质量时，每分层检验点的检距应小于 4m。

（4）竣工验收采用载荷试验检验垫层承载力时，每个单体工程不宜少于 3 点；对于大型工程则应按单体工程的数量或工程的面积确定检验点数。

（5）对灰土、砂和砂石、土工合成材料、粉煤灰等地基，应对地基强度或承载力进行检验，检验数量，每单位工程不应少于 3 点，

1000m² 以上的工程每 100m² 至少有 1 点，3000m² 以上的工程，每 300m² 至少有 1 点。

注：当用环刀取样时，取样点应位于每层 2/3 的深度处。

五、回(压实)填土密度的试验方法

回(压实)填土密度的试验方法有环刀法、灌水法、灌砂法三种。

1. 环刀法

该试验方法适用于细粒土。

(1)本试验所用的主要仪器设备应符合下列规定：

①环刀：内径 61.8mm 和 79.8mm，高度 20mm。

②天平：称量 500g，最小分度值 0.1g，称量 200g，最小分度值 0.01g。

(2)根据试验要求用环刀切取试样时，应在环刀内壁涂一薄层凡士林，刃口向下放在土样上，将环刀垂直下压，并用切土刀沿环刀外侧切削土样，边压边削至土样高出环刀，根据试样的软硬采用钢丝锯或切土刀整平环刀两端土样，擦净环刀外壁，称环刀和土的总质量。

(3)试样的湿密度应按下式计算：

$$\rho_0 = \frac{m_0}{V}$$

式中　ρ_0——试样的湿密度(g/cm³)，精确到 0.01g/cm³；

　　　m_0——湿土试样的质量(g)。

(4)试样的干密度计算式同本书 123。该试验应进行两次平行测定，两次测定的差值不得大于 0.03g/cm³，取两次测值的平均值。

2. 灌水法

该试验方法适用于现场测定粗粒土的密度。

(1)该试验所用的主要仪器设备应符合下列规定：

①储水筒：直径应均匀，并附有刻度及出水管。

②台秤：称量 50kg，最小分度值 10g。

(2)灌水法试验应按下列步骤进行：

①根据试样最大粒径，确定试坑尺寸见表 4-14。

表 4-14　试坑尺寸　　　　　　　（单位：mm）

试样最大粒径	试坑尺寸	
	直　径	深　度
5(20)	150	200
40	200	250
60	250	300

②将选定试验处的试坑地面整平，除去表面松散的土层。

③将确定的试坑直径划出坑口轮廓线，在轮廓线内下挖至要求深度，边挖边将坑内的试样装入盛土容器内，称试样质量，精确到 10g，并应测定试样的含水率。

④试坑挖好后，放上相应尺寸的套环，用水准尺找平，将大于试坑容积的塑料薄膜袋平铺于坑内，翻过套环压住薄膜四周。

记录储水筒内初始水位高度，拧开储水筒出水管开关，将水缓慢注入塑料袋中。当袋内水面接近套环边缘时，将水流调小，直至袋内水面与套环边缘齐平时关闭出水管，持续 3～5min，记录储水筒内水位高度。当袋内出现水面下降时，应另取塑料薄膜袋重做试验。

(3)试坑的体积应按下式计算：

$$V_P = (H_1 - H_2) \times A_w - V_0$$

式中　V_P——试坑体积（cm^3）；

H_1——储水筒内初始水位高度（cm）；

H_2——储水筒内注水终了时水位高度（cm）；

A_w——储水筒断面面积（cm^2）；

V_0——套环体积（cm^3）。

（4）试样的密度应按下式计算：

$$\rho_0 = \frac{m_0}{V_P}$$

式中　ρ_0——试样的密度（g/cm^3），精确到 $0.01g/cm^3$；

m_0——取自试坑内的试样的质量（g）；

V_P——试坑体积（cm^3）。

3. 灌砂法

该试验方法适用于现场测定粗粒土的密度。

（1）本试验所用的主要仪器设备应符合下列规定：

①密度测定器：由容砂瓶、灌砂漏斗和底盘组成（图 4-7），灌砂漏斗高 135mm，直径 165mm，尾部有孔径为 13mm 的圆柱形阀门；容砂瓶容积为 4L，容砂瓶和灌砂漏斗之间用螺纹接头联结。底盘承托灌砂漏斗和容砂瓶。

②天平：称量 10kg，最小分度值 5g，称量 500g，最小分度值 0.1g。

（2）标准砂密度的测定应按下列步骤进行：

①标准砂应清洗洁净，粒径宜选用 $0.25 \sim 0.50mm$，密度宜为 $1.47 \sim 1.61g/cm^3$。

②组装容砂瓶与灌砂漏斗，螺纹联结处应旋紧，称其质量。

③将密度测定器竖立，灌砂漏斗口向上，关阀门，向灌砂漏斗中注满标准砂，打开阀门使灌砂漏斗

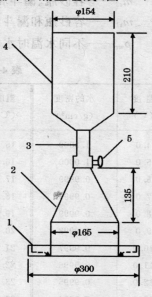

图 4-7　密度测定器

1. 底盘　2. 灌砂漏斗　3. 螺纹接头

4. 容砂瓶　5. 阀门

127

内的标准砂漏入容砂瓶内,继续向漏斗内注砂漏入瓶内,当砂停止流动时迅速关闭阀门,倒掉漏斗内多余的砂,称容砂瓶、灌砂漏斗和标准砂的总质量,精确至 5g。试验中应避免震动。

④倒出容砂瓶内的标准砂,通过漏斗向容砂瓶内注水至水面高出阀门,关阀门,倒掉漏斗中多余的水,称容砂瓶、漏斗和水的总质量,准确到 5g,并测定水温,精确到 0.5℃。重复测定 3 次,3 次测值之间的差值不得大于 3mL,取 3 次测值的平均值。

⑤容砂瓶的容积,应按下式计算:

$$V_r = (m_{r2} - m_{r1})/p_{wr}$$

式中　　V_r——容砂瓶容积(mL);

m_{r2}——容砂瓶、漏斗和水的总质量(g);

m_{r1}——容砂瓶和漏斗的质量(g);

p_{wr}——不同水温时水的密度(g/cm³),查表 4-15。

表 4-15　水的密度

温度 (℃)	水的密度 (g/cm³)	温度 (℃)	水的密度 (g/cm³)	温度 (℃)	水的密度 (g/cm³)
4.0	1.0000	15.0	0.9991	26.0	0.9968
5.0	1.0000	16.0	0.9989	27.0	0.9965
6.0	0.9999	17.0	0.9988	28.0	0.9962
7.0	0.9999	18.0	0.9986	29.0	0.9959
8.0	0.9999	19.0	0.9984	30.0	0.9957
9.0	0.9998	20.0	0.9982	31.0	0.9953
10.0	0.9997	21.0	0.9980	32.0	0.9950
11.0	0.9996	22.0	0.9978	33.0	0.9947
12.0	0.9995	24.0	0.9975	34.0	0.9944
13.0	0.9994	24.0	0.9973	35.0	0.9940
14.0	0.9992	25.0	0.9970	36.0	0.9937

⑥标准砂的密度应按下式计算:

$$\rho_s = \frac{m_{rs} - m_{r1}}{V_r}$$

式中 ρ_s——标准砂的密度（g/cm³）；

m_{rs}——容砂瓶、漏斗和标准砂的总质量（g）。

（3）灌砂法试验应按下列步骤进行：

①按灌水法试验中挖坑的步骤，依据规定尺寸挖好试坑，称试样质量 m_p，测定试样的含水率 ω_1。

②向容砂瓶内注满砂，关阀门，称容砂瓶、漏斗和砂的总质量，精确至 10g。

③密度测定器倒置（容砂瓶向上）于挖好的坑口上，打开阀门，使砂注入试坑。在注砂过程中不应震动。当砂注满试坑时关闭阀门，称容砂瓶、漏斗和余砂的总质量，精确至 10g，并计算注满试坑所用的标准砂质量 m_s。

④试样的密度应按下式计算：

$$\rho_0 = \frac{m_p}{\dfrac{m_s}{\rho_s}}$$

式中 m_s——注满试坑所用标准砂的质量（g）；

m_p——取自坑内试样的质量（g）。

⑤试样的干密度应按下式计算，精确至 0.01g/cm³。

$$\rho_d = \frac{\dfrac{m_p}{1 + 0.01\omega_1}}{\dfrac{m_s}{\rho_s}}$$

六、各种垫层的压实指标

各种垫层的压实指标见表 4-16。

表 4-16　各种垫层的压实指标

施工方法	换填材料类别	压实系数(λ_c)
碾压、振密或夯实	碎石、卵石	0.94～0.97
	砂夹石(其中碎、卵石占全重的 30%～50%)	
	土夹石(其中碎、卵石占全重的 30%～50%)	
	中砂、粗砂、砾砂、角砂、圆砾、石屑	
	粉质黏土	
	灰　土	0.95
	粉煤灰	0.90～0.95

注：1. 压实系数 λ_c 为土的控制干密度 p_d 与最大干密度 p_{dmax} 的比值；土的最大干密度宜采用击实试验确定，碎石或卵石的最大干密度可取 $2.0～2.2g/cm^3$。

2. 当采用轻型击实试验时，压实系数 λ_c 宜取高值，采用重型击实试验时，压实系数 λ_c 可取低值。

3. 矿渣垫层的压实指标为最后二遍压实的压陷差小于 2mm。

第四节　外墙饰面砖试验

一、外墙饰面砖的相关标准、必试项目及取样规定

1. 与外墙饰面砖有关的标准

(1)《建筑装饰装修工程质量验收规范》(GB 50201—2001)。

(2)《外墙饰面砖工程施工及验收规程》(JGJ 126—2000)。

(3)《干压陶瓷砖瓷质砖》(GB/T 4100.1—1999)。

(4)《干压陶瓷砖炻瓷砖》(GB/T 4100.2—1999)。

(5)《干压陶瓷砖细炻砖》(GB/T 4100.3—1999)。

(6)《挤出陶瓷砖细炻砖》(JC/T 457.3—2002)。

(7)《玻璃马赛克》(GB/T 7697—1996)。

(8)《陶瓷砖试验方法抽样和接收条件》(GB/T 3810.1—1999)。

(9)《陶瓷砖试验方法吸水率……》(GB/T 3810.3—1999)。

(10)《陶瓷砖试验方法抗冻性的测定》(GB/T 3810.12—1999)。

注:依据 **JGJ 126—2000** 的规定,凡允许使用吸水率>6%的外墙饰面砖的地区,(北京地区(Ⅱ区)只允许使用吸水率≤6%的外墙饰面砖)。

2. 外墙饰面砖的必试项目

(1)吸水率。

(2)抗冻性。

注:《**建筑装饰装修工程质量验收规范**》(**GB50201—2001**)对内墙饰面砖没有提出复验要求。

3. 外墙饰面砖批量及取样的规定的

(1)以同种产品、同一级别、同一规格实际的交货量大于5000m² 为一批,不足 5000m² 以一批计。

(2)随机抽样,一般抗冻性、吸水率试验各 10 块。

(3)用于吸水率试验的样砖若每块表面积大于 0.04m² 时,只需 5 块整砖送试;若每块整砖的表面积大于 0.16m² 时,至少在 3 块整砖的中间部位切割最小边长为 100mm 的 5 块试样送试;若每块砖的质量小于 50g 时,则需足够数量的砖凑成 50~100g 算一块砖,共 5 块送试。

二、外墙饰面砖检测项目的试验方法

1. 吸水率试验方法

吸水率试验是依据 GB/T 3810.3—1999 试验方法标准试验,通常可采用煮沸法(有争议时,以真空法为准),若砖的边长大于200mm 而难以放入煮沸容器中时,可切割成小块,但切割下的每一块应计量称量值内。将砖放在(110±5)℃的烘箱中干燥至恒重,即每隔 24h 的两次连续质量之差小于 0.1%。

砖放在有硅胶的干燥器内冷至室温。每块砖按表 4-17 的称量精度称量并记录。

表 4-17　砖的质量和称量精度

砖的质量 m(g)	测量精度(g)
$50 \leqslant m \leqslant 100$	0.02
$100 \leqslant m \leqslant 500$	0.05
$500 \leqslant m \leqslant 1000$	0.25
$1000 \leqslant m \leqslant 3000$	0.50
$m > 3000$	1.00

将砖竖直放在盛水的加热器中,使砖互不接触。砖的上部应保持有 5cm 深度的水。加热煮沸 2h 后冷却至室温,也可用冷水加速冷却。用一块拧干的麂皮迅速将砖面表水擦干,称重。

$$每块砖的吸水率(\%) = \frac{湿砖质量(g) - 干砖质量(g)}{干砖质量(g)} \times 100\%$$

计算样砖吸水率的算术平均值。

2. 抗冻性试验方法

抗冻性试验是按照外墙饰面砖工程施工及验收规程 JGJ 126—2000 要求的方法进行试验。

使用 10 块整砖,砖应没有裂纹、釉裂、针孔、磕碰等缺陷。如果必须用有缺陷的砖进行试验,在试验前应用永久性的染色剂(笔)对缺陷做记号,试验后检查这些缺陷。

使砖充分吸水饱和后,放入(-30±2)℃的低温试验箱冷冻 2h。冷冻机内欲测的砖垂直地放在支撑架上,用这一方法使得空气通过每块砖之间的空隙流过所有表面。取出样砖,浸入10℃以上的水中融化2h为一个循环。

共40个冻融循环后观察样砖,若均无裂纹或剥落为抗冻性合格。

3. 对外墙饰面砖必试项目试验结果的判定

(1)抗冻性必须一次性试验合格,不允许复试。

(2)吸水率均值若不符合标准值,应重新抽取同数样品复试,前后两次试验的总均值仍不符合标准值时判为该批不合格。

(3)吸水率单值若超出限定值的样品块数≥2块时判为该批不合格;若只有一个单值超出限定值,应再抽取同数样砖复试,复试样砖的所有单值均应符合限定值才能判为该批产品吸水率合格。

①GB 4100.1 瓷质砖:吸水率均值应≤0.5%,单个值≤0.6%。

②GB 4100.2 炻瓷砖:吸水率均值应0.5%＜E≤3.0%,单个值≤3.3%。

③GB 4100.3 细炻砖:吸水率均值应3%＜E≤6%,单个值≤6.5%。

④JC/T 457.3 挤出陶瓷砖:细炻砖吸水率均值应3%＜E≤6%,单个值≤6.5%。

判定结论依据《外墙饰面砖工程施工及验收规程》(JGJ 126—2000),吸水率也可同时应委托方要求按产品标准判定。

4. 外墙饰面砖粘结强度检验的抽样方法

外墙饰面砖应进行饰面砖粘结强度检验。在现场镶贴的外墙饰面砖中,随机抽取,按如下方法取样:

(1)饰面砖的取样数量应符合下列规定。

①现场镶贴的外墙饰面砖工程:每300m² 同类墙体取1组试样,每组3个,每一楼层不得少于1组;不足300m² 同类墙体,每

两楼层取 1 组试样,每组 3 个。

②带饰面砖的预制墙板,每生产 100 块预制墙板取 1 组试样,每组在 3 块板中各取 1 个试样。预制墙板不足 100 块按 100 块计。

(2)试样应由专业检验人员随机抽取。但取样间距不得小于 500mm。

(3)采用水泥砂浆或水泥浆粘结时,应在水泥砂浆或水泥浆龄期达到 28d 时进行检验;当在 7d 或 14d 进行检验时,应通过对比试验确定其粘结强度的修正系数。

5. 粘结强度试验结果的判定方法

(1)在建筑物外墙上镶贴的同类饰面砖,其粘结强度同时符合以下两项指标时可定为合格:

①每组试样平均粘结强度不应小于 0.40MPa。

②每组可有一个试样的粘结强度小于 0.40MPa;但不应小于 0.30MPa。

当两项指标均不符合要求时,其粘结强度应定为不合格。

(2)与预制构件一次成型的外墙板饰面砖,其粘结强度同时符合以下两项指标时可定为合格:

①每组试样平均粘结强度不应小于 0.60MPa。

②每组可有一个试样的粘结强度小于 0.6MPa;但不应小于 0.40MPa。

当两项指标均不符合要求时,其粘结强度应定为不合格。

(3)当一组试样只满足两项指标中的一项指标时,应在该组试样原取样区内重新抽取双倍试样检验。若检验结果仍有一项指标达不到规定数值,则该批饰面砖粘结强度可定为不合格。

结论依据《建筑工程饰面砖粘结强度检验标准》(JGJ 110—1997)。

第五章 混凝土配合比设计及性能试验

第一节 混凝土配合比设计

一、混凝土配合比设计及性能试验的依据标准、规范和规程

(1)《普通混凝土配合比设计规程》(JGJ 55—2000)。

(2)《混凝土结构工程施工质量验收规范》(GB 50204—2002)。

(3)《混凝土外加剂应用技术规范》(GB 50119—2003)。

(4)《预拌混凝土》(GB/T 14902—2003)。

(5)《普通混凝土拌和物性能试验方法标准》(GB/T 50080—2002)。

(6)《普通混凝土力学性能试验方法标准》(GB/T 50081—2002)。

(7)《普通混凝土配合比设计规程》(JGJ 55—2000)。

(8)《混凝土试验用振动台》(JG/T 3020—1994)。

(9)《混凝土试模》(JG 3019—1994)。

(10)《混凝土坍落度仪》(JG/T 248—2009)。

二、混凝土配合比设计的概念

1. 混凝土配合比的概念

所谓混凝土配合比是指通过科学的计算和试配,确定能够满

足工程设计和施工要求的混凝土各组分之间的相互比例。

2. 混凝土配合比设计要达到的目的

①应满足混凝土工程结构设计或工程进度的强度要求。

②应满足混凝土工程施工的和易性要求。

③保证混凝土在自然环境及使用条件下的耐久性要求。

④应在保证混凝土工程质量的前提下，科学、合理地使用材料，降低工程成本。

三、混凝土配合比设计过程中的三个重要参数

（1）水灰比。水灰比是指单位体积混凝土中用水量与水泥用量之比；在混凝土配合比设计中，当所用水泥强度等级确定后，水灰比就是决定混凝土强度的主要因素。

（2）用水量。用水量是指单位体积混凝土中水的用量；在混凝土配合比设计中，用水量决定了混凝土拌和物的流动性和混凝土的密实性等性能，当混凝土水灰比确定后，用水量一经确定，单位体积混凝土中水泥用量也随之确定。

（3）砂率。砂率是指单位体积混凝土中砂子用量与砂、石总用量的重量比；在混凝土配合比设计中，砂率的选定不仅决定了砂、石各自的用量，而且和混凝土拌和物的流动性有很大关系。

四、混凝土配合比中水胶比的概念

水胶比是单位体积混凝土中水与全部胶凝材料（包括水泥、活性掺和料）之比。

五、普通混凝土配合比设计程序

混凝土配合比设计应包括配合比计算、试配、调整和确定等步骤。配合比计算公式和有关参数表格中的数值均系以干燥状态集

料(系指含水率小于 0.5% 的细集料或含水率小于 0.2% 的粗集料)为基准。当以饱和面干集料为基准进行计算时,则应做相应的修正。

(一)普通混凝土配合比的计算步骤

1. 计算混凝土配制强度($f_{cu,0}$)

$$f_{cu,0} \geqslant f_{cu,k} + 1.645\sigma$$

式中　$f_{cu,0}$——混凝土配制强度(MPa);

　　　$f_{cu,k}$——混凝土立方体抗压强度标准值(MPa);

　　　σ——混凝土强度标准差(MPa)。

(1)遇有下列情况时应提高混凝土配制强度。

①现场条件与实验室条件有显著差异时。

②C30 级及其以上强度等级的混凝土,采用非统计方法评定时。

(2)混凝土强度标准差宜根据同类混凝土统计资料计算确定,并应符合下列规定:

①计算时,强度试件组数不应少于 25 组。

②当混凝土强度等级为 C20 和 C25 级,其强度标准差计算值小于 2.5MPa 时,计算配制强度用的标准差应取不小于 2.5MPa;当混凝土强度等级等于 C30 或大于 C30 级,其强度标准差计算值小于 3.0MPa 时,计算配制强度用的标准差应取不小于 3.0MPa。

③当无统计资料计算混凝土强度标准差时,其混凝土强度标准差 σ 可按表 5-1 取用。

表 5-1　σ 值(N/mm²)

混凝土强度等级	低于 C20	C20～C35	高于 C35
σ	4.0	5.0	6.0

2. 计算水灰比

混凝土强度等级小于 C60 时,混凝土水灰比(W/C)宜按下式计算。

$$W/C = \frac{\alpha_a f_{ce}}{f_{cu,0} + \alpha_a \alpha_b f_{ce}}$$

式中 α_a、α_b——回归系数;

f_{ce}——水泥 28d 抗压强度实测值(MPa)。

(1)当无水泥 28d 抗压强度实测值时,公式中的 f_{ce} 值可按下式确定。

$$f_{ce} = \gamma_c \cdot f_{ce,g}$$

式中 γ_c——水泥强度等级值的富余系数,可按实际统计资料确定;

$f_{ce,g}$——水泥强度等级值(MPa)。

(2)f_{ce} 值也可根据 3d 强度或快测强度推定 28d 强度关系式。

(3)回归系数 α_a 和 α_b 宜按下列规定确定:

①回归系数 α_a 和 α_b 应根据工程所使用的水泥、集料,通过试验由建立的水灰比与混凝土强度关系式确定。

②当不具备上述试验统计资料时,其回归系数可按表 5-2 选用。

表 5-2　混凝土集料的回归系数

系　数	石子品种	
	碎　石	卵　石
α_a	0.46	0.48
α_b	0.07	0.33

(4)计算出水灰比后按表 5-3 核对是否符合最大水灰比的

规定。

表 5-3　混凝土最大水灰比和最小水泥用量

环境条件	结构物类别	最大水灰比			最小水泥用量（kg/m³）		
		素混凝土	钢筋混凝土	预应力混凝土	素混凝土	钢筋混凝土	预应力混凝土
干燥环境	正常的居住或办公用房屋内部件	不作规定	0.65	0.60	200	260	300
潮湿环境	无冻害	1. 高湿度的室内部件 2. 室外部件 3. 在非侵蚀性土和水中的部件	0.70	0.60	0.60	225	280	300
	有冻害	1. 经受冻害的室外部件 2. 在非侵蚀性土和水中经受冻害的部件 3. 高湿度且经受冻害的室内部件	0.55	0.55	0.55	250	280	300
有冻害和除冰剂作用的潮湿环境	经受冻害和除冰剂作用的室内和室外部件	0.50	0.50	0.50	300	300	300

注：1. 当用活性混合料取代部分水泥时，表中最大水灰比及最小水泥用量即为替代前的水灰比和水泥用量。

　　2. 配置 C15 级及以下等级的混凝土，可不受本表限制。

3. 确定每立方米混凝土用水量

每立方米混凝土用水量的确定,应符合以下规定:

(1)干硬性和塑性混凝土用水量的确定。

①水灰比在0.4～0.8范围时,根据粗集料的品种、粒径及施工要求的混凝土拌和物稠度,其用水量可按表5-4、表5-5选取。

表5-4　干硬性混凝土用水量　　　　　　（kg/m³）

拌和物稠度		卵石最大粒径（mm）			碎石最大粒径（mm）		
项　目	指　标	10	20	40	16	20	40
维勃稠度（S）	16～20	175	160	145	180	170	155
	11～15	180	165	150	185	175	160
	5～11	185	170	155	190	180	165

表5-5　塑性混凝土用水量　　　　　　（kg/m³）

拌和物稠度		卵石最大粒径（mm）				碎石最大粒径（mm）			
项　目	指　标	10	20	31.5	40	16	20	31.5	40
坍落度（mm）	10～30	190	170	160	150	200	185	175	165
	35～50	200	180	170	160	210	195	185	175
	55～70	210	190	180	170	220	205	195	185
	75～90	215	195	185	175	230	215	205	195

注:1. 表中用水量是依采用中砂时的平均值,采用细砂时,每立方米混凝土用水量可增加5～10kg;采用粗砂时,每立方米混凝土用水量可减少5～10kg。

　　2. 掺用各种外加剂或掺和料时,用水量应相应调整。

②水灰比小于0.4的混凝土以及特殊成型工艺的混凝土用水量应通过试验确定。

(2)流动性和大流动性混凝土的用水量的计算。

①以表5-5中坍落度90mm的用水量为基础,按坍落度每增大20mm用水量增加5kg,计算出未掺外加剂时的混凝土用水量。

②掺外加剂时的混凝土用水量可按下式计算:

$$m_{wa} = m_{w0}(1-\beta)$$

式中　m_{wa}——掺外加剂混凝土每立方米混凝土的用水量(kg);

m_{w0}——未掺外加剂混凝土每立方米混凝土的用水量(kg);

β——外加剂的减水率(%)。

③外加剂的减水率应经试验确定。

4. 计算每立方米混凝土的水泥用量

每立方米混凝土的水泥用量(m_{c0})可按下式计算:

$$m_{c0} = \frac{m_{w0}}{\dfrac{W}{C}} \quad (\frac{W}{C} \text{为水灰比})$$

计算出每立方米混凝土的水泥用量后,应查对表5-3是否符合最小水泥用量的要求。

5. 确定混凝土砂率

当无历史资料可参考时,混凝土砂率的确定应符合下列规定:

(1)坍落度为10～60mm的混凝土砂率,可根据粗集料品种、粒径及水灰比按表5-6选取。

(2)坍落度大于60mm的混凝土砂率,可经试验确定,也可在表5-6的基础上,按坍落度每增大20mm,砂率增大1%的幅度予以调整。

(3)坍落度小于10mm的混凝土,其砂率应经试验确定。

6. 计算粗集料和细集料用量

粗集料和细集料用量的确定,应符合下列两种规定:

表 5-6　混凝土的砂率表

水灰比 （W/C）	卵石最大粒径 （mm）			碎石最大粒径 （mm）		
	10	20	40	16	20	40
0.40	26～32	25～31	34～30	30～35	29～34	27～32
0.50	30～35	29～34	28～33	33～38	32～37	30～35
0.60	33～38	32～37	31～36	36～41	35～40	33～38
0.70	36～41	35～40	34～39	39～44	38～43	36～41

注：1. 本表数值系中砂的选用砂率，对细砂或粗砂，可相应地减少或增大砂率。

　　2. 只用一个单粒级粗集料配制混凝土时，砂率应适当增大。

　　3. 对薄壁构件，砂率取偏大值。

　　4. 本表中的砂率系指砂与骨料总量的重量比。

（1）当采用重量法时，应按下列公式计算：

①$m_{c0} + m_{g0} + m_{s0} + m_{w0} = m_{cp}$

②$\beta_s = \dfrac{m_{s0}}{m_{g0} + m_{s0}} \times 100\%$

式中　m_{c0}——每立方米混凝土的水泥用量（kg）；

　　　m_{g0}——每立方米混凝土的粗集料用量（kg）；

　　　m_{s0}——每立方米混凝土的细集料用量（kg）；

　　　m_{w0}——每立方米混凝土的用水量（kg）；

　　　β_s——砂率（%）；

　　　m_{cp}——每立方米混凝土拌和物的假定重量（kg），其值可取
　　　　　　　　2350～2450kg。

（2）当采用体积法时，应按下列公式计算：

①$\dfrac{m_{c0}}{\rho_c} + \dfrac{m_{g0}}{\rho_g} + \dfrac{m_{s0}}{\rho_s} + \dfrac{m_{w0}}{\rho_w} + 0.01\alpha = 1$

②$\beta_s = \dfrac{m_{s0}}{m_{g0} + m_{s0}} \times 100\%$

式中　ρ_c——水泥密度(kg/m^3),可取 $2350\sim2450kg/m^3$;

　　ρ_g——粗集料的表观密度(kg/m^3);

　　ρ_s——细集料的表观密度(kg/m^3);

　　ρ_w——水的密度(kg/m^3),可取 $1000kg/m^3$;

　　α——混凝土的含气量百分数,在不使用引气型外加剂时,可取为1。

③粗集料和细集料的表观密度(ρ_g、ρ_s)应按现行行业标准《普通混凝土用碎石或卵石质量标准及检验方法》(JGJ 53—1993)和《普通混凝土用砂质量标准及检验方法》(JGJ 52—1992)规定的方法测定。

7. 确定外加剂和掺和料的掺量

外加剂和掺和料的掺量应通过试验确定,并应符合国家现行标准《混凝土外加剂应用技术规范》(GB 50119—2003)、《粉煤灰在混凝土和砂浆中应用技术规范》(GBJ 28—1986)、《粉煤灰混凝土应用技术规程》(GBJ 146—1990)、《用于水泥和混凝土中的粒化高炉矿渣粉》(GB/T 18046—2008)等的规定。

8. 确定引气剂的掺入量

长期处于潮湿环境和严寒环境中的混凝土,应掺用引气剂或引气减水剂。引气剂的掺入量应根据混凝土的含气量并经试验确定,混凝土的最小含气量应符合表 5-7 的规定,混凝土的含气量亦不宜超过 7%。混凝土中的粗集料和细集料应做坚固性试验。

表 5-7　长期处于潮湿和严寒环境中混凝土的最小含气量

粗集料最大粒径(mm)	最小含气量(%)
40	4.5
25	5.0
20	5.5

注:含气量的百分比为体积比。

(二)普通混凝土的试配

依据计算的混凝土配合比进行试配时,应采用工程中实际使用的原材料。混凝土的搅拌方法,应与生产时使用的方法相同。

混凝土配合比试配时,每盘混凝土的最小搅拌量应符合表5-8的规定;当采用机械搅拌时,其搅拌量不应小于搅拌机额定搅拌量的1/4。

表 5-8 混凝土试配的最小搅拌量

集料最大粒径(mm)	拌和物数量(L)
31.5 及以下	15
40	25

按计算的配合比进行试配时,首先应进行试拌,以检查拌和物的性能。当试拌得出的拌和物坍落度或维勃稠度不能满足要求,或粘聚性和保水性不好时,应在保证水灰比不变的条件下相应调整用水量或砂率,直到符合要求为止。然后提出供混凝土强度试验用的基准配合比。

混凝土强度试验时至少应采用三个不同的配合比。当采用三个不同的配合比时其中一个应为上述所确定的基准配合比,另外两个配合比的水灰比,宜较基准配合比分别增加和减少 0.05;用水量应与基准配合比相同,砂率可分别增加和减少 1%。

当不同水灰比的混凝土拌和物坍落度与要求值的差超过允许偏差(《混凝土质量控制标准》GB 50164—2011)时,可通过增、减用水量进行调整。

制作混凝土强度试验试件时,应检验混凝土拌和物的坍落度或维勃稠度、粘聚性、保水性及拌和物的表观密度,并以此结果作为代表相应配合比的混凝土拌和物的性能。

进行混凝土强度试验时,每种配合比至少应制作一组(三块)试件,标准养护到 28d 时试压。

需要时可同时制作几组试件,供快速检验或较早龄期试压,以便提前定出混凝土配合比供施工使用。但应以标准养护 28d 强度或按现行国家标准《粉煤灰混凝土应用技术规程》(GBJ 146—1990)、现行行业标准《粉煤灰在混凝土和砂浆中应用技术规程》(JGJ 28—1986)等规定的龄期强度的检验结果为依据调整配合比。

(三)配合比的调整与确定

根据试验得出的混凝土强度与其相对应的灰水比(C/W)关系,用作图法或计算法求出与混凝土配制强度(f_{co})相对应的灰水比,并应按下列原则确定每立方米混凝土的材料用量:

1. 用水量确定

用水量(m_w)应在基准配合比用水量的基础上,根据制作强度试件时测得的坍落度或维勃稠度进行调整确定。

2. 水泥用量确定

水泥用量(m_c)应以用水量乘以选定出来的灰水比计算确定。

3. 粗集料和细集料用量确定

粗集料和细集料用量(m_g 和 m_s)应在基准配合比的粗集料和细集料用量的基础上,按选定的灰水比进行调整后确定。

4. 经试验确定配合比后的校正步骤

(1)应根据上述确定的材料用量按下式计算混凝土的表观密度计算值 $\rho_{c,c}$:

$$\rho_{c,c} = m_c + m_g + m_s + m_w$$

(2)应按下式计算混凝土校正系数 δ:

$$\delta = \frac{\rho_{c,t}}{\rho_{c,c}}$$

式中 $\rho_{c,t}$——混凝土表观密度实测值(kg/m^3);

$\rho_{c,c}$——混凝土表观密度计算值(kg/m³)。

(3)当混凝土表观密度实测值与计算值之差的绝对值不超过计算值的 2%时,按上述确定的配合比即为确定的设计配合比;当二者之差超过 2%时,应将配合比中每项材料用量均乘以校正系数 δ,即为确定的设计配合比。

5. 常用的混凝土配合比设计

根据本单位常用的材料,可设计出常用的混凝土配合比备用;在使用过程中,应根据原材料情况及混凝土质量检验的结果予以调整。但遇有下列情况之一时,应重新进行配合比设计:

(1)对混凝土性能指标有特殊要求时。

(2)水泥、外加剂或矿物掺和料品种、质量有显著变化时。

(3)该配合比的混凝土生产间断半年以上时。

六、有特殊要求的混凝土配合比设计

1. 抗渗混凝土

抗渗等级等于或大于 P6 级的混凝土,简称抗渗混凝土。

(1)抗渗混凝土所用原材料应符合下列规定:

①粗集料宜采用连续级配,其最大粒径不宜大于 40mm,含泥量不得大于 1.0%,泥块含量不得大于 0.5%。

②细集料的含泥量不得大于 3%,泥块含量不得大于 1.0%。

③外加剂宜采用防水剂、膨胀剂、引气剂、减水剂或引气减水剂。

④抗渗混凝土宜掺用矿物掺和料。

(2)抗渗混凝土配合比的计算方法和试配步骤除应遵守普通混凝土的规定外,还应符合下列规定:

①每立方米混凝土中的水泥和矿物掺和料总量不宜小于 320kg。

②砂率宜为 35%~45%。

③供试配用的最大水灰比应符合表 5-9 的规定。

表 5-9 抗渗混凝土最大水灰比

抗渗等级	最大水灰比	
	C20～C30 混凝土	C30 以上混凝土
P6	0.60	0.55
P8～P12	0.55	0.50
P12 以上	0.50	0.45

（3）掺用引气剂的抗渗混凝土,其含气量宜控制在 3％～5％。

（4）进行抗渗混凝土配合比设计时,需增加抗渗性能试验;并应符合下列规定:

①试配要求的抗渗水压值应比设计值提高 0.2MPa。

②试配时,宜采用水灰比最大的配合比作抗渗试验,其试验结果应符合下式要求:

$$P_t \geqslant P/10 + 0.2$$

式中 P_t——6 个试件中 4 个未出现渗水时的最大水压值(MPa);

P ——设计要求的抗渗等级值。

③掺引气剂的混凝土还应进行含气量试验,试验结果应符合含气量为 3％～5％的要求。

2. 抗冻混凝土

抗冻等级等于或大于 F50 级的混凝土,称为抗冻混凝土。抗冻混凝土所用原材料应符合下列规定:

（1）应选用硅酸盐水泥或普通硅酸盐水泥,不宜使用火山灰质硅酸盐水泥。

（2）宜选用连续级配的粗集料,其含泥量不得大于 1.0％,泥块含量不得大于 0.5％。

(3)细集料含泥量不得大于 3.0%,泥块含量不得大于 1.0%。

(4)抗冻等级 F100 及以上的混凝土所用的粗集料和细集料均应进行坚固性试验,并应符合现行行业标准《普通混凝土用碎石或卵石质量标准及检验方法》(JGJ 53—1993)及《普通混凝土用砂质量标准及检验方法》(JGJ 52—1992)的规定。

(5)抗冻混凝土宜采用减水剂,对抗冻等级 F100 及以上的混凝土应掺引气剂,掺用后混凝土的含气量应符合前面表 5-7 的规定,混凝土的含气量亦不宜超过 7%。

抗冻混凝土配合比的计算方法和试配步骤除应遵守普通混凝土的规定外,供试配用的最大水灰比应符合表 5-10 的规定:

表 5-10　抗冻混凝土最大水灰比

抗冻等级	无引气剂时	掺引气剂时
F50	0.55	0.60
F100	—	0.55
F150 及以上	—	0.50

进行抗冻混凝土配合比设计时,尚应增加抗冻融性能试验。

3. 高强混凝土

强度等级为 C60 及其以上的混凝土,称为高强混凝土。

(1)配制高强混凝土所用原材料应符合下列规定:

①应选用质量稳定、强度等级不低于 42.5 级的硅酸盐水泥或普通硅酸盐水泥。

②对强度等级为 C60 级的混凝土,其粗集料的最大粒径不应大于 31.5mm,对强度等级高于 C60 级的混凝土,其粗集料的最大粒径不应大于 25mm;针片状颗粒含量不宜大于 5%,含泥量不应大于 0.5%,泥块含量不宜大于 0.2%,其他质量指标应符合现行行业标准《普通混凝土用碎石或卵石质量标准及检验方法》(JGJ

53—1993)的规定。

③细集料的细度模数宜大于 2.6,含泥量不应大于 2.0%,泥块含量不应大于 0.5%。其他质量指标应符合现行行业标准《普通混凝土用砂质量标准及检验方法》(JGJ 52—1992)的规定。

④配制高强混凝土时应掺用高效减水剂或缓凝高效减水剂。

⑤配制高强混凝土时应掺用活性较好的矿物掺和料,且宜复合使用矿物掺和料。

(2)高强混凝土配合比的计算方法和步骤除应遵守普通混凝土的规定外,还应符合下列规定:

①基准配合比中的水灰比,可根据现有试验资料选取。

②配制高强混凝土所用砂率及所采用的外加剂和矿物掺和料的品种、掺量,应通过试验确定。

③计算高强混凝土配合比时,其用水量同普通混凝土。

④高强混凝土的水泥用量不应大于 550kg/m³;水泥和矿物掺和料的总量不应大于 600kg/m³。

(3)高强混凝土配合比的试配。当采用三个不同的配合比进行混凝土强度试验时,其中一个应为基准配合比,另外两个配合比的水灰比,应较基准配合比分别增加和减少 0.02~0.03。

(4)高强混凝土设计配合比确定后,应用该配合比进行不少于 6 次的重复试验进行验证,其平均值不应低于配制强度。

4. 泵送混凝土

混凝土拌和物的坍落度不低于 100mm,并用泵送施工的混凝土,称为泵送混凝土。

(1)泵送混凝土所采用的原材料应符合下列规定:

①泵送混凝土应选用硅酸盐水泥、普通硅酸盐水泥、矿渣硅酸盐水泥和粉煤灰硅酸盐水泥,不宜采用火山灰质硅酸盐水泥。

②粗集料宜采用连续级配,其针片状颗粒含量不宜大于 10%;粗集料的最大粒径与输送管径之比宜符合表 5-11 的规定。

表 5-11　粗集料的最大粒径与输送管径之比

石子品种	泵送高度（m）	粗集料的最大粒径与输送管径之比
碎石	<50	≤1∶3.0
	50～100	≤1∶4.0
卵石	<50	≤1∶2.5
	50～100	≤1∶3.0
	>100	≤1∶5.0

③泵送混凝土宜采用中砂，其通过 0.315mm 筛孔的颗粒含量不应少于 15％。

④泵送混凝土应掺用泵送剂或减水剂，并宜掺用粉煤灰或其他活性矿物掺和料，其质量应符合国家现行有关标准的规定。

（2）泵送混凝土试配时要求的坍落度值应按下式计算：

$$T_t = T_p + \Delta T$$

式中　T_t——试配时要求的坍落度值；

T_p——入泵时要求的坍落度值；

ΔT——试验测得在预计时间内的坍落度经时损失值。

（3）泵送混凝土配合比的计算和试配步骤除应符合普通混凝土的规定外，还应符合下列规定：

①泵送混凝土的用水量与水泥和矿物掺和料的总量之比不宜大于 0.60。

②泵送混凝土的水泥和矿物掺和料的总量不宜小于 300kg/m³。

③泵送混凝土的砂率宜为 35％～40％。

④掺用引气型外加剂时，其混凝土含气量不宜大于 4％。

5．大体积混凝土

混凝土结构实体最小尺寸等于或大于 1m，或预计会因水泥水化热引起混凝土内外温差过大而导致裂缝的混凝土称为大体积混凝土。

大体积混凝土所用的原材料应符合下列规定：

(1)水泥应选用水化热低和凝结时间长的水泥,如低热矿渣硅酸盐水泥、中热硅酸盐水泥、矿渣硅酸盐水泥、粉煤灰硅酸盐水泥、火山灰质硅酸盐水泥等;当采用硅酸盐水泥或普通硅酸盐水泥时,应采取相应措施延缓水化热的释放。

(2)粗集料宜采用连续级配,细集料宜采用中砂。

(3)大体积混凝土应掺用缓凝剂、减水剂和减少水泥水化热的掺和料。

(4)大体积混凝土在保证混凝土强度及坍落度要求的前提下,应提高掺和料及集料的含量,以降低每立方米混凝土的水泥用量。

(5)大体积混凝土配合比的计算和试配步骤应符合普通混凝土的规定,并宜在配合比确定后进行水化热的验算或测定。

七、混凝土配合比通知单的解读

(1)每立方米混凝土用量为每立方米混凝土中各种材料的用量相加的总和,即为混凝土单位体积的质量。

每立方米混凝土中各种材料的用量见表 5-12。

表 5-12　每立方米混凝土中各种材料的用量　　(单位:kg)

材料名称	水　泥	水	中　砂	卵　石	减水剂	掺和料
材料用量	390	195	730	1059	15.60	60

(2)混凝土配合比是指混凝土中各种材料重量与水泥重量的比值(即以水泥重量作为单位重量1);以表 5-12 为例,其混凝土配合比如下：

水泥：中砂：卵石：水：减水剂：掺和料＝1：1.89：2.72：0.5：0.04：0.15

八、施工现场或预拌混凝土搅拌站混凝土配合比的应用

1. 混凝土拌制前的准备工作

(1)查验现场各种原材料(包括水泥、砂、石、外加剂和掺和料)是否已经过试验;对照混凝土配合比申请单中各种材料的试验编号,查验原材料是否与抽样批量相符。

(2)如现场库存两种以上的同类材料,应与拌制混凝土操作人员一起对照混凝土配合比申请单确认应选用的材料品种。

(3)通过试验计算砂、石两种材料的含水率。

$$含水率(\%)=\frac{湿料-干料}{干料}\times100\%$$

(4)计算拌制混凝土时各种材料的每盘用量。首先确定每盘的水泥用量,然后按照混凝土配合比通知单中重量配合比的比值,各种材料分别乘以每盘的水泥用量,得到各种材料的每盘用量。

(5)用计算所得到的砂、石含水率数值,乘以砂、石每盘的干料用量,得到砂、石中所含的水分重量值,再把砂、石中所含的水分重量值与砂、石的每盘干料用量值相加,最终得出拌制混凝土时每盘的砂、石用量。

(6)在每盘的水用量中减去砂、石中所含的水分重量值,得出拌制混凝土时每盘实际的水用量。

2. 混凝土配合比应用举例

以表5-12的混凝土配合比通知单为例,配合比如下:

水泥∶中砂∶卵石∶水∶减水剂∶掺和料=1∶1.89∶2.72∶0.5∶0.04∶0.15

(1)计算砂、石的含水率。

$$中砂含水率(\%)=\frac{500-485}{485}\times100\%=3.1\%$$

$$卵石含水率(\%)=\frac{1000-990}{990}\times100\%=1.0\%$$

(2)确定每盘水泥用量为 100kg,计算其他材料的每盘用量。

水用量＝100×0.5＝50(kg)

中砂用量(干料)＝100×1.89＝189(kg)

卵石用量(干料)＝100×2.72＝272(kg)

减水剂用量＝100×0.04＝4(kg)

掺和料用量＝100×0.15＝15(kg)

(3)计算砂、石中所含的水分重量。

①中砂含水量计算:经测定中砂含水率为 3.1%,则:

中砂含水量＝189×0.031＝5.86(kg)

②卵石含水量计算:经测定卵石含水率为 1.0%,则:

卵石含水量＝272×0.010＝2.72(kg)

(4)计算每盘的实际砂、石用量。

实际中砂用量＝189＋5.86＝194.86≈195(kg)

实际卵石用量＝272＋2.72＝274.72≈275(kg)

(5)计算每盘的实际水用量。

实际水用量＝50－5.86(砂)－2.72(石)＝41.42≈41(kg)

(6)最后拌制混凝土时各种材料的每盘实际用量。

水泥 100kg,水 41kg,中砂 195kg,卵石 275kg,减水剂 4kg,掺和料 15kg。

第二节 普通混凝土试验

一、普通混凝土试件留置的有关规定

(1)用于检查结构构件混凝土强度的试件留置应符合下列规定。

①每拌制 100 盘且不超过 100m³ 的同配合比的混凝土,取样不得少于 1 次。

②每工作班拌制的同一配合比的混凝土不足 100 盘时,取样

不得少于 1 次。

③当一次连续浇筑超过 1000m³ 时,同一配合比的混凝土每 200m³ 取样不得少于 1 次。

④每一楼层、同一配合比的混凝土,取样不得少于 1 次。

⑤每次取样应至少留置一组标准养护试件,同条件养护试件的留置组数应根据实际需要确定。

(2)冬期施工时掺用外加剂的混凝土试件留置的有关规定。

①冬期施工时掺用外加剂的混凝土,应在浇筑地点制作一定数量的混凝土试件进行强度试验。其中一组试件应在标准条件下养护,其余放置在工程条件下养护。在达到受冻临界强度时,拆模前,拆除支撑前及与工程同条件养护 28d、再标准养护 28d 均应进行试压。

②冬期施工时掺用外加剂的混凝土的取样频率(即取样批次)与"普通混凝土试块留置的规定"相同。

(3)用于结构实体检验的同条件养护试件留置应符合下列规定:

①对混凝土结构工程中的各混凝土强度等级,均应留置同条件养护试件。

②同一强度等级的同条件养护试件,其留置的数量应根据混凝土工程量和重要性确定,不宜少于 10 组,且不应少于 3 组。

二、冬期施工时确定受冻临界强度的有关规定

当冬期施工时,掺用外加剂(防冻剂)的混凝土,确定受冻临界强度的有关规定如下:

(1)当混凝土温度降到(防冻剂的)规定温度时,混凝土强度必须达到受冻临界强度。

(2)当最低气温不低于−10℃时,混凝土抗压强度不得小于 3.5MPa。

（3）当最低气温不低于－15℃时，混凝土抗压强度不得小于4.0MPa。

（4）当最低气温不低于－20℃时，混凝土抗压强度不得小于5.0MPa。

三、普通混凝土的取样方法和取样数量的有关规定

（1）用于检查结构构件混凝土强度的试件，应在混凝土浇筑地点随机取样制作；每组试件应从同一盘拌和物或同一车运送的混凝土中取出，对于预拌混凝土还应在卸料过程中卸料量的 1/4～3/4 之间采取，取样量应满足混凝土强度检验项目所需用量的 1.5 倍，且不宜少于 20L。

（2）对于预拌混凝土，用于出厂检验的混凝土试样应在搅拌地点采取，用于交货检验的混凝土试样应在交货地点采取。

四、普通混凝土的必试项目及试验方法

1. 稠度试验

当集料最大粒径不大于 40mm、坍落度不小于 10mm 时，采用测定混凝土拌和物坍落度和坍落扩展度的方法。

（1）坍落度仪。由坍落筒、测量标尺、平尺、捣棒和底板等组成。

①坍落筒是由铸铁或钢板制成的圆台筒，其内壁应光滑、无凹凸。底面和顶面应互相平行并与锥体轴线同轴，在其高度的 2/3 处设两个把手，下端有脚踏板。坍落筒的尺寸为：顶部内径（100±1）mm，底部内径（200±1）mm，高度（300±1）mm，筒壁厚度不应小于 3mm。

②底板采用铸铁或钢板制成，宽度不应小于 500mm，其表面应光滑、平整，并具有足够的刚度。

③捣棒用圆钢制成，表面应光滑，其直径为（16±0.1）mm，长度为（600±5）mm，且端部呈半球形。

(2)坍落度试验步骤。混凝土坍落度试验依据《普通混凝土拌和物性能试验方法标准》(GB/T 50080—2002)。坍落度试验应按下列步骤进行：

①湿润坍落度筒及底板，但坍落度筒内壁和底板上应无明水。底板应放置在坚实水平面并把筒放在底板中心，然后用脚踩住两边的脚踏板，坍落度筒在装料时应保持固定的位置。

②把按要求取得的混凝土试样用小铲分三层均匀地装入筒内，使捣实后每层高度为筒高的1/3左右，每层用捣棒插捣25次。插捣应沿螺旋方向由外向中心进行，各次插捣应在截面上均匀分布。插捣筒边混凝土时，捣棒可以稍稍倾斜。插捣底层时，捣棒应贯穿整个深度，插捣第二层和顶层时，捣棒应插透本层至下一层的表面；浇灌顶层时，混凝土应灌到高出筒口。插捣过程中，如混凝土沉落到低于筒口，则应随时添加。顶层插捣完后，刮去多余的混凝土，并用抹刀抹平。

③清除筒边底板上的混凝土后，垂直平稳地提起坍落度筒，坍落度筒的提离过程应在5～10s内完成，从开始装料到提起坍落度筒的整个过程应不间断地进行，并应在150s内完成。

④提起坍落度筒后，测量筒高与坍落后混凝土试体最高点之间的高度差，即为该混凝土拌和物的坍落度值；坍落度筒提离后，如混凝土发生崩坍或一边剪坏现象，则应重新取样另行测定；如第二次试验仍出现上述现象，则表示该混凝土和易性(混凝土的和易性包括流动性、粘聚性和保水性)不好，应予记录备查。

⑤观察坍落后的混凝土试体的粘聚性及保水性。粘聚性的检查方法是用捣棒在已坍落的混凝土锥体侧面轻轻敲打，此时如果锥体逐渐下沉，则表示粘聚性良好，如果锥体倒塌、部分崩裂或出现离析现象，则表示粘聚性不好。保水性以混凝土拌和物稀浆析出的程度来评定，坍落度筒提起后如有较多的稀浆从底部析出，锥体部分的混凝土也因失浆而骨料外露，则表明此混凝土拌和物的

保水性能不好,如坍落度筒提起后无稀浆或仅有少量稀浆自底部析出,即表示此混凝土拌和物保水性良好。

⑥当混凝土拌和物的坍落度大于 220mm 时,用钢尺测量混凝土扩展后最终的最大直径和最小直径,在这两个直径之差小于50mm 的条件下,用其算术平均值作为坍落扩展度值;否则,此次试验无效。

如果发现粗集料在中央集堆或边缘有水泥浆析出,表示此混凝土拌和物抗离析性不好,应予以记录。

⑦混凝土拌和物坍落度和坍落扩展度值以毫米为单位,测量精确至 1mm,结果表达修约至 5mm。

2. **强度试验**

混凝土抗压强度试验以 3 个试件为一组。标准尺寸的试件为边长 150mm 的立方体试件。检验评定混凝土强度用的混凝土试件的尺寸及强度的尺寸换算系数应按表 5-13 取用;其标准成型方法、标准养护条件及强度试验方法应符合《普通混凝土力学性能试验方法标准》(GB/T 50081—2002)。

表 5-13　允许的试件最小尺寸及强度的尺寸换算系数

骨料最大粒径(mm)	试件尺寸(mm)	强度的尺寸换算系数
≤31.5	100×100×100	0.95
≤40	150×150×150	1.00
≤63	200×200×200	1.05

(1)试件的制作。混凝土试件的制作应符合下列规定:

1)成型前,应检查试模尺寸并符合《混凝土试模》(JG 3019—1994)中的有关规定,试模内表面应涂一薄层矿物油或其他不与混凝土发生反应的脱模剂。

2)取样或实验室拌制的混凝土应在拌制后尽短的时间内成

型,一般不宜超过 15min。

3)根据混凝土拌和物的稠度确定混凝土成型方法,坍落度不大于 70mm 的混凝土宜用振动振实;大于 70mm 的宜用捣棒人工捣实;检验现浇混凝土或预制构件的混凝土,试件成型方法宜与实际采用的方法相同。

4)混凝土试件制作应按下列步骤和方法进行:

①取样或拌制好的混凝土拌和物应至少用铁锹再来回拌和三次。

②采用振动台振实制作试件时,应将混凝土拌和物一次装入试模,装料时应用抹刀沿各试模壁插捣,并使混凝土拌和物高出试模口。试模应附着或固定在符合《混凝土试验用振动台》(JG/T 3020—1994)要求的振动台上,振动时试模不得有任何跳动,振动应持续到混凝土表面出浆为止,不得过振。

③用人工插捣制作试件时,混凝土拌和物应分二层装入试模内,每层的装料厚度大致相等[捣棒用圆钢制成,表面应光滑,其直径为(16±0.1)mm、长度为(600±5)mm,且端部呈半球形]。插捣应按螺旋方向从边缘向中心均匀进行,在插捣底层混凝土时,捣棒应达到试模底部;插捣上层时,捣棒应贯穿上层后插入下层深度 20~30mm,插捣时捣棒应保持垂直,不得倾斜。然后应用抹刀沿试模内壁插拔数次。每层插捣次数按每 10000mm² 截面积内不得少于 12 次。插捣后应用橡皮锤轻轻敲击试模四周,直至插捣棒留下的空洞消失为止。

④用插入式振捣棒振实制作试件时,将混凝土拌和物一次装入试模,装料时应用抹刀沿各试模壁插捣,并使混凝土拌和物高出试模口;宜用直径为 φ25mm 的插入式振捣棒,插入试模振捣时,振捣棒距试模底板 10~20mm,且不得触及试模底板,振动时持续到表面出浆为止,且应避免过振,以防止混凝土离析;一般振捣时间为 20s,振捣棒拔出时要缓慢,拔出后不得留有孔洞。

⑤刮除试模上口多余的混凝土,待混凝土临近初凝时,用抹刀

抹平。

(2)试件的养护。

①试件成型后应立即用不透水的薄膜覆盖表面。

②采用标准养护的试件,应在温度为(20±5)℃的环境中静置一昼夜至两昼夜,然后编号、拆模。拆模后应立即放入温度为(20±2)℃、湿度为95%以上的标准养护室中养护,或在温度为(20±2)℃的不流动的 $Ca(OH)_2$ 饱和溶液中养护。标准养护室内的试件应放在支架上,彼此间隔为 10~20mm,试件表面应保持潮湿,并不得被水直接冲淋。

③同条件养护的试件的拆模时间可与实际构件的拆模时间相同,拆模后,试件仍需保持同条件养护。

④标准养护龄期为 28d(从搅拌加水开始计时)。

⑤用于结构实体检验用的同条件养护试件,应在达到等效养护龄期时进行强度试验。等效养护龄期应根据同条件养护试件强度与在标准养护条件下 28d 龄期试件强度相等的原则确定。

等效养护龄期可取按日平均温度逐日累计达到 600℃/d 时所对应的龄期,0℃ 及以下的龄期不计入;等效养护龄期不应小于14d,也不宜大于 60d。

(3)试验记录。试件制作和养护的试验记录内容如下:

①试件编号。

②试件制作日期。

③混凝土强度等级。

④试件的形状与尺寸。

⑤原材料的品种、规格和产地以及混凝土配合比。

⑥养护条件。

⑦试验龄期。

⑧要说明的其他内容。

(4)抗压强度试验。立方体抗压强度试验步骤应按下列方法进行：

①试件从养护地点取出后，应及时进行试验，将试件表面与压力机上下承压板面擦干净。

②将试件安放在试验机的下压板或垫板上，试件的承压面应与成型时的顶面垂直。试件的中心应与试验机下压板中心对准，开动试验机，当上压板与试件或钢垫板接近时，调整球座，使接触均衡。

③在试验过程中应连续均匀地加荷，混凝土强度等级＜C30时，加荷速度取每秒钟 0.3～0.5MPa（试件尺寸为 100mm 时，取每秒钟 3～5kN；试件尺寸为 150mm 时，取每秒钟 6.75～11.25kN）；混凝土强度等级≥C30 且＜C60 时，取每秒钟 0.5～0.8MPa（试件尺寸为 100mm 时，取每秒钟 5～8kN；试件尺寸为 150mm 时，取每秒钟 11.25～18kN）；混凝土强度等级≥C60 时，取每秒钟 0.8～1.0MPa。

④当试件接近破坏而开始急剧变形时，应停止调整试验机油门，直至破坏。然后记录破坏荷载。

(5)混凝土立方体抗压强度的计算及确定。混凝土立方体抗压强度试验结果计算及确定按下列方法进行：

1)混凝土立方体抗压强度应按下式计算：

$$f_{cc} = \frac{F}{A}$$

式中　f_{cc}——混凝土立方体试件抗压强度（MPa）；

　　　F——试件破坏荷载（N）；

　　　A——试件承压面积（m^2）。

混凝土立方体抗压强度计算应精确至 0.1MPa。

2)强度值的确定应符合下列规定：

①三个试件测值的算术平均值作为该组试件的抗压强度值（精确至 0.1MPa）。

②三个测值中的最大值或最小值中如有一个与中间值的差值超过中间值的 15％时,则把最大及最小值一并舍除,取中间值作为该组试件的抗压强度值。

③如最大值和最小值与中间值的差均超过中间值的 15％时,则该组试件的试验结果无效。

3)混凝土强度等级＜C60 时,用非标准试件测得的强度值均应乘以尺寸换算系数,其值对 200mm×200mm×200mm 的试件为 1.05;对 100mm×100mm×100mm 的试件为 0.95。当混凝土强度等级≥C60 时,宜采用标准试件。使用非标准试件时,尺寸换算系数应由试验确定。

(6)如何按照《混凝土强度检验评定标准》(GB50107—2010),对混凝土强度进行检验评定:混凝土强度的检验评定方法见表 5-14。

表 5-14 混凝土强度合格评定方法

合格评定方法	合格评定条件	备注
统计方法(一)	① $mf_{cu} \geq f_{cu,k} + 0.7\sigma_0$ ② $f_{cu,min} \geq f_{cu,k} - 0.7\sigma_0$ 且当强度等级 ≤ C20 时, $f_{cu,min} \geq 0.85f_{cu,k}$,当强度等级＞C20 时, $f_{cu,min} \geq 0.90f_{cu,k}$ 式中:mf_{cu}——同批三组试件抗压强度平均值(N/mm²) $f_{cu,min}$——同批三组试件抗压强度中的最小值(N/mm²) $f_{cu,k}$——混凝土立方体抗压强度标准值 σ_0——验收批的混凝土强度标准差,可依据前一个检验期的同类混凝土试件强度确定	验收批混凝土强度标准差按下式确定 $$\sigma_0 = 0.59/m \sum_{i=1}^{m} \Delta f_{cu,i}$$ 式中:$\Delta f_{cu,i}$——以三组试件为一批,第 i 批混凝土强度的极差 m——用以确定试验收批混凝土强度标准差 σ_0 的数据总批数 [注]:在确定混凝土强度批标准差 (σ_0) 时,其检验期限不应超过三个月且在该期间内验收批总数不应少于 15 批

161

续表 5-14

合格评定 方法	合格评定条件	备 注
统计 方法(二)	① $mf_{cu} - \lambda_1 Sf_{cu} \geqslant 0.9 f_{cu,k}$ ② $f_{cu,min} \geqslant \lambda_2 f_{cu,k}$ 式中: mf_{cu} ——n 组混凝土试件强度的平均值(N/mm²) λ_1、λ_2 ——合格判定系数,按右表取用 Sf_{cu} ——n 组混凝土试件强度标准差(N/mm²);当计算值 Sf_{cu} 小于 $0.06 f_{cu,k}$ 时,取 Sf_{cu} 等于 $0.06 f_{cu,k}$	一个验收批混凝土试件组数 $n \geqslant 10$ 组, n 组混凝土试件强度标准差 (Sf_{cu}) 按下式计算 $$Sf_{cu} = \sqrt{\dfrac{\sum\limits_{i=1}^{n} f_{cu,i}^2 - \eta m^2 f_{cu}}{\eta - 1}}$$ 式中: $f_{cu,i}$ ——第 i 组混凝土试件强度 混凝土强度的合格判定系数 {table}
非统计 方法	① $mf_{cu} \geqslant 1.15 f_{cu,k}$ ② $f_{cu,min} \geqslant 0.95 f_{cu,k}$	一个验收批混凝土试件组数 $n = 2 \sim 9$ 组 当一个验收批的混凝土试件仅有一组时,则该组试件强度应不低于强度标准值的 115%

混凝土强度的合格判定系数

试件组数	10~14	15~24	≥25
λ_1	1.70	1.65	1.60
λ_2	0.90	0.85	

(7)对结构实体检验用同条件养护试件强度进行检验评定的方法。结构实体检验用的同条件养护试件的抗压强度,应根据强度试验结果按现行国家标准《混凝土强度检验评定标准》(GB50107—2010)的规定确定后,乘折算系数取用;折算系数宜取为 1.10。

(8)混凝土强度合格与否的判定。当检验结果能满足表 5-14 中任一种评定方法的要求时,则该批混凝土判为合格,当不满足上述要求时,该批混凝土判为不合格。

由不合格批混凝土制成的结构或构件,应进行鉴定,对不合格的结构或构件应及时处理。

第三节　抗渗混凝土试验

一、抗渗混凝土试验的相关标准

(1)《混凝土结构工程施工质量验收规范》(GB 50204—2002)。

(2)《地下防水工程质量验收规范》(GB 50208—2002)。

(3)《地下工程防水技术规范》(GB 50108—2001)。

(4)《普通混凝土配合比设计规程》(JGJ 55—2000)。

二、抗渗混凝土试件留置的有关规定

对有抗渗要求的混凝土结构,其混凝土试件应在浇筑地点随机取样。连续浇筑的抗渗混凝土每 500m³ 应留置一组抗渗试件,且每项工程不得少于两组。采用预拌混凝土的抗渗试件,留置组数应视结构的规模和要求而定。掺防冻剂混凝土还应制作与工程同条件养护 28d,再标准养护 28d 后进行抗渗试验的试件。

三、抗渗混凝土的必试项目及试验方法

1. 必试项目

(1)稠度(试验方法同普通混凝土)。

(2)抗压强度(计算方法同普通混凝土)。

(3)抗渗性能。

2. 抗渗混凝土试件的制作与养护

抗渗性能试验应采用顶面直径为 175mm、底面直径为 185mm、高度为 150mm 的圆台或直径高度均为 150mm 的圆柱体试件。抗渗试件以 6 个为一组。

试件成型后 24h 拆模,用钢丝刷刷去上下两端面水泥浆膜,然后送入标准养护室养护。试件一般养护至 28d 龄期再进行抗渗试验,如有特殊要求,可在其他龄期进行(但不超过 90d)。

3. 抗渗性能的检验

抗渗性能的检验应采用标准条件下养护的抗渗混凝土试件，然后根据这种标准养护试件的试验结果进行评定。

4. 抗渗混凝土的抗压强度检验

抗渗混凝土的抗压强度检验与普通混凝土的抗压强度检验相同。

5. 抗渗性能试验设备应符合的规定

(1)混凝土抗渗仪。混凝土抗渗仪是应能使水压按规定的要求稳定地作用在试件上的装置。

(2)辅助加压装置。辅助加压装置为螺旋或其他形式,其压力以能把试件压入试件套内为宜。

6. 抗渗性能试验的步骤

(1)试件养护至试验前一天取出,将表面晾干,然后将其侧面涂一层经熔化的密封材料,随即在螺旋或其他加压装置上,将试件压入经烘箱预热过的试件套中,稍冷却后,即可解除压力,连同试件套装在抗渗仪上进行试验。

(2)试验从水压为 0.1MPa 开始,以后每隔 8h 增加水压 0.1MPa,并且要随时注意观察试件端面的渗水情况。

(3)当 6 个试件中有 3 个试件端面出现有渗水现象时,即可停止试验,记下当时的水压。

(4)在试验过程中,如发现水从试件周边渗出,则应停止试验,重新密封。

7. 抗渗混凝土试验结果的计算和评定

混凝土的抗渗等级的评定,以每组 6 个试件中 4 个试件未出现渗水时的最大水压力计算出的 P 值进行评定,其计算公式为:

$$P = 10H - 1$$

式中 P ——抗渗等级;

H ——6 个试件中 3 个渗水时的水压力(MPa)。

第六章 混凝土外加剂试验

第一节 混凝土外加剂的分类及名称

一、混凝土外加剂试验依据的有关标准、规范、规程和规定

(1)《混凝土外加剂的分类、命名与定义》(GB 8075—2005)。

(2)《混凝土外加剂》(GB 8076—2008)。

(3)《混凝土外加剂匀质性试验方法》(GB 8077—2000)。

(4)《混凝土泵送剂》(JC 473—2001)。

(5)《砂浆、混凝土防水剂》(JC 474—2008)。

(6)《混凝土防冻剂》(JC 475—2004)。

(7)《混凝土膨胀剂》(GB 23439—2009)。

(8)《喷射混凝土用速凝剂》(JC 477—2005)。

(9)《混凝土防水剂》(JC 474—2008)。

(10)《混凝土外加剂应用技术规范》(GB 50119—2003)。

(11)《混凝土外加剂应用技术规程》(DB J 01—61—2002)。

(12)《混凝土外加剂中释放氨的限量》(GB 18588—2001)。

(13)《混凝土拌合用水标准》(JGJ 63—1989)。

(14)《建筑用砂》(GB/T 14684—2001)。

(15)《建筑用卵石、碎石》(GB/T 14685—2001)。

(16)《普通混凝土用砂质量标准及检验方法》(JGJ 52)。

(17)《普通混凝土用碎石或卵石质量标准及检验方法》(JGJ 53—1992)。

(18)《普通混凝土配合比设计规程》(JGJ 55—2011)。

(19)《普通混凝土拌和物性能试验方法》(GB/T 50080—2002)。

(20)《普通混凝土力学性能试验方法》(GB/T 50081—2002)。

(21)《普通混凝土长期性能和耐久性能试验方法》(GBJ 50082—2009)。

(22)《水泥胶砂强度检验方法(ISO 法)》(GB 17671—1999)。

二、混凝土外加剂的定义、分类和名称

(1)混凝土外加剂是指在拌制混凝土过程中掺入用以改善混凝土性能的物质,掺量不大于水泥质量的 5%(特殊情况除外)。

(2)混凝土外加剂分类。按其主要功能分为四类。

①用于改善混凝土拌和物流变性能的外加剂包括减水剂、引气剂和泵送剂等。

②用于调节混凝土凝结时间、硬化性能的外加剂包括缓凝剂、早强剂和速凝剂等。

③用于改善混凝土耐久性的外加剂包括引气剂、防水剂和阻锈剂等。

④用于改善混凝土其他性能的外加剂包括加气剂、膨胀剂、防冻剂、着色剂、防水剂、泵送剂等。

(3)各种混凝土外加剂的名称及定义。

①普通减水剂:在混凝土坍落度基本相同的情况下,能减少拌和用水量的外加剂。

②早强剂:加速混凝土早期强度发展的外加剂。

③缓凝剂:延长混凝土凝结时间的外加剂。

④引气剂:在搅拌混凝土过程中能引入大量均匀分布、稳定而封闭的微小气泡的外加剂。

⑤高效减水剂:在混凝土坍落度基本相同的条件下,能大幅度减少拌和用水量的外加剂。

⑥早强减水剂:兼有早强和减水功能的外加剂。

⑦缓凝减水剂:兼有缓凝和减水功能的外加剂。

⑧引气减水剂:兼有引气和减水功能的外加剂。

⑨防水剂:能降低混凝土在静水压力下的透水性的外加剂。

⑩阻锈剂:能抑制或减轻混凝土中钢筋或其他预埋金属锈蚀的外加剂。

⑪加气剂:混凝土制备过程中因发生化学反应,放出气体,而使混凝土中形成大量气孔的外加剂。

⑫膨胀剂:能使混凝土产生一定体积膨胀的外加剂。

⑬防冻剂:能使混凝土在负温下硬化,并在规定时间内达到足够防冻强度的外加剂。

⑭速凝剂:能使混凝土迅速凝结硬化的外加剂。

⑮泵送剂:能改善混凝土拌和物泵送性能的外加剂。

⑯泵送型防冻剂:兼有泵送和防冻功能的外加剂。

⑰泵送型防水剂:兼有泵送和防水功能的外加剂。

⑱缓凝高效减水剂:兼有缓凝和大幅度减少拌和用水量的外加剂。

三、关于混凝土外加剂代表批量的有关规定

(1)依据《混凝土外加剂》(GB 8076—2008)标准的混凝土外加剂:掺量≥1%的同品种外加剂每一编号为100t;掺量<1%的外加剂每一编号为50t。不足100t或50t的,可按一个批量计,同一编号的产品必须混合均匀。

(2)防水剂。年产500t以上的防水剂每50t为一批;年产500t以下的防水剂每30t为一批。不足50t或30t的也按一个批量计。

(3)泵送剂。同防水剂。

(4)防冻剂。每50t防冻剂为一批,不足50t也作为一批。

(5)速凝剂。每20t速凝剂为一批,不足20t也作为一批。

（6）膨胀剂。日产量超过 200t 时，以 200t 为一编号；不足 200t 时，应以不超过日产量为一编号。

（7）每一编号取样量不少于 0.2t 水泥所需用的外加剂量。

（8）每一编号取得的试样应充分混合均匀，分为两等份，一份按规定项目进行试验，另一份要密封保存半年，以备有疑问时提交国家指定的检验机关进行复验或仲裁。

四、混凝土外加剂复试与验收的程序

（1）混凝土外加剂使用单位应按工程技术要求选择合适的外加剂类型，首先要审核外加剂供厂应商提供的产品检验报告、资格证明（包括营业执照、各种强制认证资料或许可证等），并对供应厂商的质量保证体系、生产供应保障能力等进行评价。

（2）外加剂供应厂商应提供以下证明文件：

①产品说明书（包括主要成分），出厂合格证。

②形式检验报告，必须包括所有必试项目。

③碱含量和氯离子含量检验报告。

④氨含量和放射性（必要时）检验报告。

⑤产品质量和供货保证性文件（对大型或重点工程）。

⑥工程应用实例（如有需要时）。

以上文件中②～④应为法定质量监督检验机构出具的年度检验报告。

（3）混凝土外加剂要进行现场复试，合格者方可使用。

第二节 混凝土外加剂试验及评定

一、有关规范、规程及标准中对混凝土外加剂性能和使用的要求或规定

1.《民用建筑工程室内环境污染控制规范》（GB 50325—

2010)和《混凝土外加剂中释放氨的限量》(GB 18588—2001)中的规定

(1)民用建筑工程所使用的无机非金属建筑材料包括砂、石、砖、水泥、商品混凝土、预制构件和新型墙体材料等,其放射性指标限量应符合表 6-1 的规定。

表 6-1 民用建筑无机非金属建筑材料放射性指标限量

测定项目	限 量
内照射指数(I_{Ra})	≤1.0
外照射指数(Ir)	≤1.0

(2)民用建筑工程所使用的阻燃剂、混凝土外加剂氨的释放量不应大于 0.10%(质量分数)。

(3)民用建筑工程所采用的无机非金属建筑材料和装修材料必须有放射性指标检测报告,并应符合设计要求和规范的规定。

(4)民用建筑工程所使用的无机非金属建筑材料制品(如商品混凝土、预制构件等),如所使用的原材料(水泥、砂石等)的放射性指标合格,制品可不再进行放射性指标检验。

2. 规范、标准中对混凝土中氯盐含量的限制规定

(1)《混凝土质量控制标准》(GB 50164—2011)、《预拌混凝土》(GB/T 14902—2003)、《混凝土外加剂应用技术规范》(GB 50119—2003)等规范、标准中对外加剂中氯离子(氯化物)的限量应符合表 6-2。

表 6-2 掺入混凝土中外加剂氯离子(Cl^-)含量的限值(与水泥重量之比%)

规范标准	素混凝土	钢筋混凝土		预应力混凝土	备 注
		干燥环境	潮湿环境		
GB 50164	2	1	0.3/0.1*	0.06*	以氯离子重量计

续表 6-2

规范标准	使用环境				备 注
	素混凝土	钢筋混凝土		预应力混凝土	
		干燥环境	潮湿环境		
GB 50204	—	符合 GB50164 规定	严禁使用	以氯离子重量计	
GB 14902	2.0	1.0	0.3～0.1**	0.06**	以氯离子重量计
JGJ 104	—	1.0	不得使用	不得使用	以无水氯盐重量计
GB 50119	1.8	0.6	严禁使用	严禁使用	以氯离子重量计
DBJ 01—61	0.20～0.60	0.02～0.20		0.02	以氯离子重量计

注：上表中带"＊"、"＊＊"的说明：

＊：①对处在潮湿而不含氯离子环境中的钢筋混凝土,不得超过 0.3%。

②对在潮湿并含有氯离子环境中的钢筋混凝土,不得超过 0.1%。

③预应力混凝土及处于易腐蚀环境的钢筋混凝土,不得超过 0.06%。

＊＊：①室内潮湿环境；非严寒和非寒冷地区的露天环境、与无侵蚀性的水或土壤直接接触的环境下,不得超过 0.3%。

②严寒和寒冷地区的露天环境、与无侵蚀性的水或土壤直接接触的环境下,不得超过 0.2%。

③使用除冰盐的环境、严寒和寒冷地区冬季水位变动的环境；海滨室外环境下,不得超过 0.1%。

④预应力混凝土构件及设计使用年限为近百年的室内正常环境下的钢筋混凝土,不得超过 0.06%。

⑤氯离子含量系指其占所用水泥（含替代水泥量的矿物掺和料）重量的百分率。

（2）在 GB 50119 和 JGJ 104 中规定,在下列情况下不得使用含有氯盐的外加剂：

①预应力混凝土结构。

②相对湿度大于 80% 环境中使用的结构、外于水位变化部位

的结构、露天结构及经常受水淋、水流冲刷的结构。

③大体积混凝土。

④直接接触酸、碱或其他侵蚀性介质的结构。

⑤经常处于温度为 60℃以上的结构,需要蒸养的钢筋混凝土预制构件。

⑥有装饰要求的混凝土,特别是要求色彩一致的或是表面有金属装饰的混凝土。

⑦薄壁结构,中级和重级工作制吊车的梁、屋架、落锤及锻锤混凝土基础等结构。

⑧使用冷拉钢筋或冷拔低碳钢丝的结构。

⑨集料具有碱活性的混凝土结构。

⑩与镀锌钢材或铝铁相接触部位的结构,以及有外露钢筋、预埋件而无防护措施的结构。

⑪使用直流电源以及距高压支流电源 100m 以内或靠近高压电源的结构。

3. 规范及标准对掺外加剂的混凝土中含碱量的规定

(1)《混凝土外加剂应用技术规范》(GB 50119—2003)等标准中对外加剂带入混凝土中的碱进行了限量,见表 6-3。

表 6-3　由外加剂带入混凝土的碱总量的限值　　(kg/m³)

规范标准	外加剂品种	
	防水剂类	其他类
DBJ 01—61	≤0.7	≤1.0
GB 50119	≤1.0	

(2)DBJ 01—61 规定碱以($Na_2O+0.658K_2O$)计。外加剂带入混凝土的总碱量的计算如下:

①首先按照每立方米混凝土 400kg 水泥计算外加剂的用量

$M(kg)$,如外加剂碱含量为 $R\%$,则带入每立方米混凝土的碱总量即为 $M \times R\%$。

②混凝土的总碱含量尚应符合有关标准或设计的规定。

③《预防混凝土工程碱集料反应技术管理规定》(TY 5—1999)中规定,凡用于Ⅱ、Ⅲ类工程结构用水泥、砂石、外加剂、掺和料等混凝土用建筑材料,必须具有由技术监督部门核定的法定检测单位出具的(碱含量和集料活性)检测报告,无检测报告的混凝土材料禁止在此类工程应用。进入建设市场的水泥、外加剂及矿物掺和料,根据建设工程的需要必须提供产品有关技术指标及碱含量的检测报告。

4.《混凝土外加剂应用技术规范》(GB 50119—2003)中对防冻剂使用的

(1)在日最低气温为 $0 \sim -5℃$,混凝土采用塑料薄膜和保温材料养护时,可采用早强剂或早强减水剂。

(2)在日最低气温为 $-5 \sim -10℃$、$-10 \sim -15℃$、$-15 \sim -20℃$,采用上述保温措施时,宜分别采用规定温度为 $-5℃$、$-10℃$、$-15℃$ 的防冻剂。

(3)防冻剂的规定温度为按《混凝土防冻剂》(JC 475—2004)规定的试验条件成型的试件,在恒负温条件下养护。施工使用的最低气温可比规定温度低 $5℃$。

(4)掺加防冻剂的混凝土在负温条件下养护时,不得浇水,混凝土浇筑后,应立即用塑料薄膜和保温材料覆盖,严寒地区应加强保温措施,混凝土的初期养护温度不得低于规定温度。当混凝土温度降低到规定温度时,混凝土强度必须达到受冻临界强度。

(5)防冻剂与其他外加剂共同使用时,应先进行试验,满足要求方可使用。

5.《混凝土外加剂应用技术规范》(GB 50119—2003)中对膨胀剂使用的规定

(1)含硫铝酸钙类、硫铝酸钙-氧化钙类膨胀剂的混凝土(砂浆)不得用于长期环境温度为80℃以上的工程。

（2）含氧化钙类膨胀剂配制的混凝土（砂浆）不得用于海水或有侵蚀性水的工程。

（3）掺膨胀剂的混凝土适用于钢筋混凝土和填充性混凝土。

（4）掺膨胀剂的大体积混凝，其内部最高温度应符合有关标准的规定，混凝土内外温差宜小于25℃。

（5）膨胀剂应符合《混凝土膨胀剂》（GB 23439—2009）标准的规定，膨胀剂进入现场后应进行限制膨胀率检测，合格后方可入库、使用。

（6）掺膨胀剂的混凝土所用的水泥不得使用硫铝酸盐水泥、铁铝酸盐水泥和高铝水泥。

（7）掺膨胀剂的混凝土的胶凝材料最少用量（水泥、膨胀剂和掺和料的总量）应符合表6-4的规定。

表6-4　胶凝材料最少用量

膨胀混凝土种类	胶凝材料最少用量（kg/m³）
补偿收缩混凝土	300
填充用膨胀混凝土	350
自应力混凝土	500

（8）水胶比不宜大于0.5，与其他外加剂复合使用时，应有较好的适应性，膨胀剂不宜与氯盐类外加剂复合使用，与防冻剂复合使用时应慎重，外加剂品种和掺量应通过试验确定。

（9）对于掺膨胀剂的大体积混凝土和大面积板面混凝土，表面抹压后用塑料薄膜覆盖，混凝土硬化后，宜采用蓄水养护或用湿麻袋覆盖，保持混凝土表面潮湿，养护时间不应少于1d。

（10）对于掺膨胀剂的墙体混凝土等不易保水的结构，宜从顶部设水管喷淋，拆模时间不宜少于3d，拆模后用湿麻袋紧贴墙体覆盖,并浇水养护保持混凝土表面潮湿,养护时间不宜少于 14d。

(11)冬期施工时,掺膨胀剂混凝土浇筑后,应立即用塑料薄膜和保温材料覆盖,养护时间不少于 14d;对于墙体带模板养护时间不应少于 7d。

6.《混凝土泵送施工技术规程》(JGJ/T 10—1995)中的规定

(1)泵送混凝土掺用的外加剂,应符合《混凝土外加剂》(GB 8076—2008)、《混凝土外加剂应用技术规范》(GB 50119—2003)、《混凝土泵送剂》(JC 473—2001)和《预拌混凝土》(GB/T 14902—2003)的有关规定。

(2)外加剂的品种和掺量宜由试验确定,不得任意使用。

(3)掺用引气型外加剂的泵送混凝土的含气量不宜大于 4%。

二、混凝土外加剂试验方法、计算与评定

1. 减水率计算

减水率为坍落度基本相同时基准混凝土和掺外加剂混凝土单位用水量之差与基准混凝土单位用水量之比。坍落度按《普通混凝土拌和物性能试验方法》(GB/T 50080—2002)测定,减水率按下式计算:

$$W_R = \frac{W_0 - W_1}{W_0} \times 100\%$$

式中 W_R——减水率(%);

W_0——基准混凝土单位用水量(kg/m³);

W_1——掺外加剂混凝土单位用水量(kg/m³)。

W_R 以三批试验的算术平均值计,精确到小数点后一位。若三批试验的最大值或最小值中有一个与中间值之差超过中间值的 15% 时,则把最大值与最小值一并舍去,取中间值作为该组试验的减水率。若有两个测值与中间值之差均超过 15%,则该批试验结果无效,应该重做。

2. 含气量测定

按《普通混凝土拌和物性能试验方法》(GB/T 50080—2002)用气水混合式含气量测定仪,并按该仪器说明进行操作,且混凝土拌和物一次装满并稍高于容器,用振动台振实 15～20s,用高频插入式振捣器(φ25mm,14000 次/min)在模型中心垂直振捣 10s。

试验时,每批混凝土拌和物取一试样,含气量以三个试样测值的算术平均值来表示。若三个试样中的最大值或最小值中有一个与中间值之差超过 0.5％时,则把最大值与最小值一并舍去,取中间值作为该批试验的试验结果。如果最大值与最小值均超过 0.5％,试验无效,应该重做。

3. 凝结时间差测定

(1)首先分别测定掺外加剂混凝土和基准混凝土的凝结时间,采用惯入阻力仪测定,仪器精度为 5N,凝结时间测定方法如下:

将混凝土拌和物用 5mm(圆孔筛)振动筛筛出砂浆,拌匀后装入上口径为 160mm、下口径为 150mm、净高为 150mm 的刚性不渗水的金属圆筒,试样表面应低于筒口约 10mm,用振动台振实(3～5s),置于(20±3)℃的环境中,容器加盖。一般基准混凝土在成型 3～4h、掺早强剂的混凝土在成型 1～2h、掺缓凝剂的混凝土在成型 4～6h 开始测定,以后每 0.5h 或 1h 测定一次,但临近初、终凝时,可以缩短测定间隔时间。每次测点应避开前一次测孔,其净距为试针直径的 2 倍,但至少不小于 15mm,试针与容器边缘之距离不小于 25mm。测定初凝时间用截面面积为 100mm² 的试针,测定终凝时间用 200mm² 的试针。惯入阻力按下式计算:

$$R = \frac{P}{A}$$

式中　R ——惯入阻力值(MPa);

　　　P ——惯入深度达 25mm 时所需的净压力(N);

　　　A ——惯入仪试针的截面面积(mm²)。

　　根据计算结果,以惯入阻力值为纵坐标,测试时间为横坐标,绘制惯入阻力值与时间关系曲线。惯入阻力值达到 3.5MPa 时对应的时间作为初凝时间;惯入阻力值达到 28MPa 时对应的时间为终凝时间。凝结时间从水泥与水接触时开始计算。

　　试验时,每批混凝土拌和物取一试样,凝结时间取三个试样的平均值。若三批试验的最大值或最小值中有一个与中间值之差超过 30min 时,则把最大值与最小值一并舍去,取中间值作为该组试验的凝结时间。如果两测量值与中间值之差均超过 30min 时,该组试验结果无效,应该重做。

　　(2)凝结时间差按下式计算。

$$\Delta T = T_t - T_c$$

式中　ΔT ——凝结时间之差(min);

　　　　T_t ——掺外加剂混凝土的初凝或终凝时间(min);

　　　　T_c ——基准混凝土的初凝或终凝时间(min)。

　　4. 净浆凝结时间测定

　　在室温和材料温度(20±3)℃的条件下,称取基准水泥 400g,放入拌和锅内。速凝剂按下限掺量加入水泥中,干拌均匀(颜色一致)后,加入 160mL 水,迅速搅拌 25～30s,立即装入圆模,人工振捣数次,削去多余的水泥浆,并用洁净的刀修平表面。

　　将装满水泥浆的试模放在水泥净浆标准稠度与凝结时间测定仪下,使针尖与水泥浆表面接触。迅速放松水泥净浆标准稠度与凝结时间测定仪杆上的固定螺钉,试针即自由插入水泥浆中,观察指针读数,每隔 10s 测定一次,直至终凝为止。

　　由加水时起,至试针沉入水泥浆中距底板 0.5～1mm 时所需的时间为初凝时间,至沉入净浆中不超过 1.0mm 时所需时间为终凝时间。

　　每个试样,应进行两次试验。试验结果以两次试验结果的算术平均值表示,如两次试验结果的差值大于 30s 时,本次试验无效,应重新进行试验。

5. 坍落度增加值测定

混凝土拌和物按《普通混凝土拌和物性能试验方法》(GB/T 50080—2002)进行坍落度试验。但在试验受检混凝土坍落度时,分两层装入坍落度筒内,每次插捣 15 次。结果以三次试验的平均值表示,精确至 1mm。坍落度增加值以水灰比相同时的受检混凝土与基准混凝土坍落度之差表示,精确至 1mm。

6. 坍落度损失值测定

出盘的混凝土拌和物按《普通混凝土拌和物性能试验方法》(GB/T 50080—2002)进行坍落度试验后得到坍落度 H_0;立即将全部物料装入铁桶或塑料盆内,用盖子或塑料布密封。存放 30min 后将桶内物料倒在拌料板上,用铁锹翻拌两次,进行坍落度试验,得出 30min 坍落度保留值 H_{30};再将全部物料装入桶内,密封再存放 30min,用上法再测定一次,得出 60min 坍落度保留值 H_{60}。坍落度按照 GB 50080 进行试验。但在试验受检混凝土坍落度时,分两层装入坍落度筒内,每次插捣 15 次,结果以三次试验的平均值表示,精确至 1mm。

$$30min \text{ 坍落度损失值} = H_0 - H_{30}$$
$$60min \text{ 坍落度损失值} = H_0 - H_{60}$$

7. 1d 抗压强度测定

(1)仪器设备。300kN 压力试验机,胶砂振动台,称量 5kg、分度值 5g 的台秤;40mm×40mm×160mm 试模,称量 500g、分度值 0.5g 的架盘天平。

(2)配合比。水泥与砂的质量比为 1∶1.5,水灰比为 0.5。

(3)试验步骤。在室温(20±3)℃的条件下,称取基准水泥 1600g,标准砂 2400g,速凝剂按生产厂家推荐的下限掺量加入,干拌均匀。加入 800mL 水,迅速搅拌 40~50s,然后装入试模中,立即在振动台上振动 30s,刮去多余部分,抹平。在室温(20±3)℃的室内放置(24±1)h,脱模后立即测定试块的 1d 抗压强度。

（4）结果计算与评定。抗压强度按下式计算：

$$R = \frac{P}{S}$$

式中　R——抗压强度（MPa）；

　　　P——试体受压破坏荷载（kN）；

　　　S——试体受压面积（mm²）。

得出 6 个强度值，其中与平均值相差±10％的数值应当剔除，将剩余的数值平均。剩余的数值少于 3 个时，试验必须重做。

8. 限制膨胀率测定

（1）试验环境要求。实验室、养护箱、养护水的温度、湿度应符合《水泥胶砂强度检验方法》（GB/T 17671—1999）的规定；恒温恒湿（箱）室温度为（20±2）℃，湿度为 60％±5％。

（2）将试模擦净，模型侧板与底板的接触面应涂凡士林，紧密装配，防止漏浆。模内壁均匀刷一薄层机油，但纵向限制器具钢板内侧和钢丝上的油要用有机溶剂去掉。

（3）每组成型三条试件，试体全长 158mm，其中胶砂部分尺寸为 40mm×40mm×140mm。每成型三条试件所需的材料及用量见和第二章表 2-3。

（4）水泥胶砂搅拌、试体成型按照《水泥胶砂强度检验方法》（GB/T 17671—1999）的规定进行。

（5）试体在养护箱内养护，脱模时间以抗压强度（10±2）MPa确定。

（6）试体脱模后 1h 内测量初始长度，测量完初始长度的试体立即放入水中养护，测量水中第 7d 的长度（L_1）变化，即水中 7d 的限制膨胀率。

测量完初始长度的试体立即放入水中养护，测量水中第 28d的长度（L_1）变化，即水中 28d 的限制膨胀率。

测量完水中 7d 试体长度后，放入恒温恒湿（箱）室内养护

21d,即为空气中 21d 的限制膨胀率。

（7）测量前 3h,将比长仪、标准杆放在标准实验室内,用标准杆校正测量仪并调整千分表零点。测量前,将试体及测量仪测头擦净。每次测量时,试体记有标志的一面与测量仪的相对位置必须一致,纵向限制器测头与测量仪测头应正面接触,读数应精确至 0.001mm。不同龄期的试体应在规定时间±1h 内测量。

（8）养护时,应注意不损坏试体测头。试体与试体之间距离为 15mm 以上,试体支点距限制钢板两端约 30mm。

（9）限制膨胀率按下式计算:

$$\varepsilon = \frac{L_1 - L}{L_0} \times 100\%$$

式中　ε——限制膨胀率(%);

　　　L_1——所测龄期的限制试体长度(mm);

　　　L——限制试体的初始长度(mm);

　　　L_0——限制试体的基长(140mm)。

取相近的两条试体测量值的平均值作为限制膨胀率测量结果,计算应精确至小数点后第三位。

9. 抗压强度比测定

（1）以掺外加剂(除防冻剂 7d 外,含掺防冻剂混凝土的 28d 抗压强度比)混凝土与基准混凝土同龄期抗压强度之比表示,按下式计算:

$$R_s = \frac{S_t}{S_c} \times 100\%$$

式中　R_s——抗压强度比(%);

　　　S_t——掺外加剂混凝土的抗压强度(MPa);

　　　S_c——基准混凝土的抗压强度(MPa)。

掺外加剂与基准混凝土的抗压强度按《普通混凝土力学性能试验方法》(GB 50081—2002)进行试验和计算。试件用振动台振动 15～20s,用插入式高频振捣器(ϕ25mm,14000 次/min)振捣 8

～12s。试件预养温度为(20±3)℃。试验结果以三批试验测值的平均值表示,若三批试验中有一批的最大值或最小值中有一个与中间值之差超过中间值的15%时,则把最大值与最小值一并舍去,取中间值作为该批的试验结果。若有两批测值与中间值之差均超过中间值的15%,则试验结果无效,应该重做。

(2)掺防冻剂混凝土与基准混凝土的抗压强度比。混凝土试件制作及养护参照《普通混凝土拌和物性能试验方法》(GB/T 50080—2002)进行,但混凝土的坍落度为(30±10)mm,试件用振动台振动15～20s,环境及预养温度(20±3)℃。掺防冻剂受检混凝土,当规定温度为-5℃,试件预养时间为6h,[或按 $M = \sum (T+10) \triangle t = 180$℃·h 控制,式中 M 为度时积,T 为温度,$\triangle t$ 为温度 T 的持续时间];当规定温度为-10℃,试件预养时间为4h,(或120℃·h);当规定温度为-15℃,试件预养时间为2h,(或60℃·h)。将预养后的试件移入冰箱(或冰室)内并用塑料布覆盖试件,其环境温度应于3～4h内均匀地降低至规定温度,养护7d后脱模进行试验。

以受检负温混凝土与基准混凝土抗压强度之比表示:

$$R = \frac{R_{AT}}{R_c} \times 100\%$$

式中　R ——不同条件下的混凝土抗压强度比(%);

　　R_{AT} ——7d 受检混凝土抗压强度(MPa);

　　R_c ——28d 基准混凝土抗压强度(MPa)。

每批一组,3 块试件数据取值原则同《普通混凝土力学性能试验方法》(GB 50081—2002)规定。以三组试验结果的平均值计算抗压强度比,精确到1%。

(3)掺泵送型防冻剂和泵送型防水剂混凝土与基准混凝土的抗压强度比。

采用《混凝土外加剂应用技术规程》(DBJ 01—61—2002)检验掺泵送型防冻剂或泵送型防水剂混凝土与基准混凝土抗压强度

比时,水泥用量和砂率按《混凝土泵送剂》(JC 473—2001)的规定进行。水泥用量:采用卵石时为(380±5)kg/m³,采用碎石时为(390±5)kg/m³;砂率为44%,坍落度为(210±10)mm。

试件制作、养护、试验方法、计算等同《混凝土防冻剂》JC 475规定。

10. pH 值测定

(1)仪器。酸度计、甘汞电极、玻璃电极、复合电极。

(2)测试条件。液体样品直接测试,固体样品溶液的浓度为10g/L,被测溶液的温度为(20±3)℃。

(3)试验步骤。首先按仪器的出厂说明书校正仪器。当仪器校正好后,先用水,再用测试溶液冲洗电极,然后再将电极浸入被测溶液中轻轻摇动试杯,使溶液均匀。待到酸度计的读数稳定1min,记录读数。测量结束后,用水冲洗电极,以待下次测量。

酸度计测出的结果即为溶液的 pH 值。室内允许差为 0.2,室间允许差为 0.5。

11. 细度测定(以 0.315mm 筛为例)

(1)仪器。

①药物天平:称量100g,分度值 0.1g。

②试验筛:采用孔径为 0.315mm 的钢丝网筛布,筛框有效直径为 150mm,筛布应紧绷在筛框上,接缝必须严密,并附有筛盖。

(2)试验步骤。外加剂试样应充分拌匀并经 100～105℃(特殊品种除外)烘干,称取烘干试样 10g 倒入筛内,用人工筛样。将近筛完时,必须一手执筛往复摇动,一手拍打,摇动速度每分钟约 120次。其间,筛子应向一定方向旋转数次,使试样分散在筛布上,直至每分钟通过质量布超过 0.05g 为止。称量筛余物称准至 0.1g。

(3)结果表示。细度用筛余(%)表示,按下式计算:

$$筛余(\%) = \frac{m_1}{m_0} \times 100\%$$

式中　m_1——筛余物质量(g)；

　　　m_0——试样质量(g)。

允许差：室内为 0.40%，室间为 0.60%。

12. 密度测定

(1)比重瓶法。

①测试条件：液体样品直接测试，固体样品溶液的浓度为 10g/L，被测溶液的温度为(20±1)℃，被测溶液必须清澈，如有沉淀应滤去。

②仪器：

a. 比重瓶：25mL 或 50mL。

b. 天平：不应低于四级，精确至 0.0001g。

c. 干燥器：内盛变色硅胶。

d. 超级恒温器或同条件的恒温设备。

③试验步骤：首先进行比重瓶的校正。比重瓶依次用水、乙醇、丙酮和乙醚洗涤并吹干，塞子连瓶一起放入干燥器内，取出，称量比重瓶的质量为 m_0，直至恒量。然后将预先煮沸并经冷却的水装入瓶内，塞上塞子，使多余的水分从塞子毛细管流出，用吸水纸吸干瓶外的水。注意不能让吸水纸吸出塞子毛细管里的水，水要保持与毛细管上口相平，立即在天平称出比重瓶装满水后的质量 m_1。

容积 V 按下式计算：

$$V = \frac{m_1 - m_0}{0.9982}$$

式中　V——比重瓶在 20℃时的容积(mL)；

　　　m_1——比重瓶盛满 20℃水的质量(g)；

　　　m_0——干燥的比重瓶质量(g)；

　0.9982——20℃纯水的密度(g/mL)。

然后测量外加剂溶液的密度 ρ。将已校正 V 值的比重瓶洗净、干燥、灌满被测溶液，塞上塞子后浸入(20±1)℃超级恒温器内,恒温 20min 后取出,用吸水纸吸干瓶外的水及毛细管溢出的溶液后,在天平上称量出比重瓶装满外加剂溶液后的质量 m_2。

④结果评定:外加剂溶液的密度 ρ 按下式计算:

$$\rho = \frac{m_2 - m_0}{V} = \frac{0.9982(m_2 - m_0)}{m_1 - m_0}$$

式中　ρ——20℃时外加剂溶液的密度(g/mL);

　　　m_2——比重瓶盛满 20℃外加剂溶液的质量(g)。

允许差:室内为 0.001g/mL,室间为 0.002g/mL。

(2)液体比重天平法。

①测试条件:同比重瓶法。

②仪器:液体比重天平,其构造示意如图 6-1 所示;超级恒温器或同条件的恒温设备。

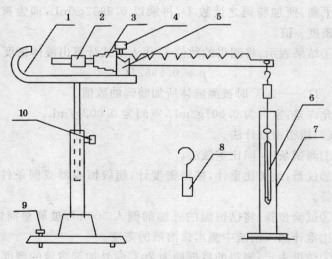

图 6-1　液体比重天平

1. 托架　2. 横梁　3. 平衡调节器　4. 灵敏度调节器　5. 玛瑙刃座
6. 测锤　7. 量筒　8. 等重砝码　9. 水平调节螺钉　10. 紧固螺钉

③试验步骤:首先进行液体比重天平的调试。将液体比重天平安装在平稳不受振动的水泥台上,其周围不得有强力磁源及腐蚀性气体,在横梁 2 的末端钩子上挂上等重砝码 8,调节水平调节螺钉 9,使横梁上的指针与托架指针成水平线相对,天平即调成水平位置;如无法调节平衡时,可将平衡调节器 3 的定位小螺钉松开,然后略微轻轻动平衡调节器 3,直至平衡为止。仍将中间定位螺钉旋紧,防止松动。将等重砝码取下,换上整套测锤 6,此时天平必须保持平衡,允许有 ±0.0005 的误差存在。如果天平灵敏度过高,可将灵敏度调节器 4 旋低,反之旋高。

然后测量外加剂溶液的密度 ρ。将已恒温的被测溶液倒入量筒 7 内,将液体比重天平的测锤浸没在量筒中的被测溶液的中央,这时横梁失去平衡,在横梁 V 形槽与小钩上加放各种骑码后使之恢复平衡,所加骑码之读数 D,再乘以 0.9982g/mL,即为被测溶液的密度 ρ 值。

④结果表示:将测得的数值 D 代入下式计算出液体密度 ρ:

$$\rho = 0.9982D$$

式中　D——20℃时被测液体所加骑码的数值。

允许差:室内为 0.001g/mL,室间为 0.002g/mL。

(3)精密密度计法。

①测试条件:同比重瓶法。

②仪器:波美比重计,精密密度计,超级恒温器或同条件的恒温设备。

③试验步骤:将已恒温的外加剂倒入 500mL 玻璃量筒内,以波美比重计插入溶液中测出该溶液的密度。

④结果表示:测得的数据即为 20℃时外加剂溶液的密度。

允许差:室内为 0.001g/mL,室间为 0.002g/mL。

三、建筑结构工程用的混凝土外加剂现场复试项目、试验方法及评定

此处的建筑结构工程含现浇混凝土和预制混凝土构件。

1. 现场必须复试项目

现场必须复试项目见表 6-5。必试项目的性能指标见表 6-6。

表 6-5 必试项目

品 种	检验项目	检验标准
普通减水剂	pH 值、密度（或细度）、减水率	GB 8076/8077
高效减水剂	pH 值、密度（或细度）、减水率	GB 8076/8077
早强减水剂	密度（或细度）、钢筋锈蚀、1d 和 3d 抗压强度比、减水率	GB 8076/8077
缓凝减水剂	pH 值、密度（或细度）、减水率、凝结时间差	GB 8076/8077
引气减水剂	pH 值、密度（或细度）、减水率、含气量	GB 8076/8077
早强剂	钢筋锈蚀、密度（或细度）、1d 和 28d 抗压强度比	GB 8076/8077
缓凝剂	pH 值、密度（或细度）、凝结时间差	GB 8076/8077
引气剂	pH 值、密度（或细度）、含气量	GB 8076/8077
泵送剂	pH 值、密度（或细度）、坍落度增加值、坍落度损失值	JC 473/GB 8077
防水剂	钢筋锈蚀、pH 值、密度（或细度）、	GB 8076/8077
防冻剂	钢筋锈蚀、密度（或细度）、－7d 和＋28d 抗压强度比	JC 475/ GB 8077
膨胀剂	限制膨胀率	JC476
速凝剂	密度（或细度）、1d 抗压强度、凝结时间	JC 477/GB 8077

表 6-6　混凝土外加剂必试项目的性能指标

试验项目		外加剂性能指标									
		普通减水剂		高效减水剂		早强减水剂		缓凝减水剂		引气减水剂	
		一等品	合格品	一等品	合格品	一等品	合格品	一等品	合格品	一等品	合格品
减水率（%）	国标	8	5	12	10	8	5	8	5	10	10
	地标	8		18		8		8		10	
含气量（%）大于		—	—	—	—	—	—	—	—	3.0	
凝结时间之差（min）	初凝	—	—	—	—	—	—	>90		—	—
	终凝	—	—	—	—	—	—	—	—	—	—
净浆凝结时间（min）不迟于	初凝	—	—	—	—	—	—	—	—	—	—
	终凝	—	—	—	—	—	—	—	—	—	—
密度		对液体外加剂，应在生气厂控制值的±0.02g/cm³之内									
细度		0.315mm 筛筛余应小于15%									
pH 值		应在生产厂控制值的±1之内									
坍落度增加值（mm）不小于	30 min 国标	—	—	—	—	—	—	—	—	—	—
	30 min 地标	—	—	—	—	—	—	—	—	—	—
	60 min 国标	—	—	—	—	—	—	—	—	—	—
	60 min 地标	—	—	—	—	—	—	—	—	—	—
限制膨胀率（%）不小于	水中 7d										
	水中 28d	—	—	—	—	—	—	—	—	—	—
	空气中 21d										
抗压强度比（%）不小于	1d 国标	—	—	—	—	140	130	—	—	—	—
	1d 地标	—				130					
	3d 国标					130	120				
	3d 地标										

186

续表 6-6

试验项目			外加剂性能指标									
			普通减水剂		高效减水剂		早强减水剂		缓凝减水剂		引气减水剂	
			一等品	合格品	一等品	合格品	一等品	合格品	一等品	合格品	一等品	合格品
抗压强度比(%)不小于	规定温度(℃)	7d	—	—	—	—	—	—	—	—	—	—
		28d										
		7d										
		28d										
		7d										
		28d										
对钢筋锈蚀作用			早强减水剂应说明对钢筋锈蚀作用									

试验项目		外加剂性能指标							
		缓凝高效减水剂		泵送剂		早强剂		缓凝剂	
		一等品	合格品	一等品	合格品	一等品	合格品	一等品	合格品
减水率(%)	国标	12	10						
	地标	18		—					
含气量(%)大于			—	—			—		—
凝结时间之差(min)	初凝	>+90						>+90	
	终凝		—						
密 度		对液体外加剂,应在生气厂控制值的±0.02g/cm³ 之内							
细 度		0.315mm 筛筛余应小于 15%							

187

续表 6-6

试验项目			外加剂性能指标							
			缓凝高效减水剂		泵送剂		早强剂		缓凝剂	
			一等品	合格品	一等品	合格品	一等品	合格品	一等品	合格品
pH 值			应在生产厂控制值的±1之内							
坍落度增加值(mm)不大于		国标			100	80	—	—	—	—
		地标			—	—	—	—	—	—
坍落度损失值(mm)不小于	30 min	国标	—	—	60	90	—	—	—	—
		地标								
	60 min	国标	—	—	90	110	—	—	—	—
		地标								
限制膨胀率(%)不小于	水中 7d		—							
	水中 28d									
	空气中 21d		—							
抗压强度比(%)不小于	1d	国标					1355	1253		
		地标		—			125			—
	3d	国标					1350	1202		
		地标		—						—
	规定温度(℃)	−5	−7d				—	—	—	—
			−28d	—	—	—	—	—	—
		−10	−7d							
			−28d						—
		−15	−7d						
			−28d						
对钢筋锈蚀作用			早强剂应说明对钢筋锈蚀作用							

试验项目			外加剂性能指标						
			防水剂		防冻剂		膨胀剂	速凝剂	
			一等品	合格品	一等品	合格品	合格品	一等品	合格品
1d抗压强度(MPa)不大于			—		—		—	8	7
净浆凝结时间(min)不迟于	初凝	国标	—		—		—	3	5
		地标	—		—		—	5	
	终凝	国标	—		—		—	10	10
		地标	—		—		—	10	
密度			对液体防水剂、防冻剂,应在生气厂控制值的±0.02g/cm³之内						
细度			0.315mm筛筛余应小于15%		应在生气厂控制值的±2%之内		比表面积(m²/kg)≥250 0.08mm筛筛余≤12% 1.25mm筛筛余≤0.5%	0.08mm筛筛余≤15%	
pH 值			无规定						
限制膨胀率(%)不小于	水中 7d		—		—		≥0.025	—	—
	水中 28d		—		—		≤0.10	—	—
	空气中 21d		—		—		≥-0.020	—	—

续表 6-6

试验项目					外加剂性能指标						
					防水剂		防冻剂		膨胀剂	速凝剂	
					一等品	合格品	一等品	合格品	合格品	一等品	合格品
抗压强度比（%）不小于	规定温度（℃）	—5	—7d	国标	—	—	20	20	—	—	—
				地标			20				
			28d	国标	—	—	95	90	—	—	—
				地标			90				
		—10	—7d	国标	—	—	12	12	—	—	—
				地标			12				
			28d	国标	—	—	95	90	—	—	—
				地标			90				
		—15	—7d	国标	—	—	10	—	—	—	—
				地标			10				
			28d	国标	—	—	90	85	—	—	—
				地标			85				
对钢筋锈蚀作用					防水剂、防冻剂应说明对钢筋锈蚀作用						

2. 试验方法

(1)对原材料的要求。

1)对基准水泥的要求：基准水泥是统一检验混凝土外加剂性能的材料，是由符合下列品质指标的硅酸盐水泥熟料与二水石膏共同粉磨而成的强度等级大于（含）42.5 号的硅酸盐水泥。基准水泥必须由经国家水泥质量监督检验中心确认具备生产条件的工厂供给。

品质指标(除满足 42.5 号硅酸盐水泥技术要求外):

①铝酸三钙(C_3A)含量 6%～8%。

②硅酸三钙(C_3S)含量 50%～55%。

③游离氧化钙(fCaO)含量不得超过 1.2%。

④碱($Na_2O+0.658K_2O$)含量不得超过 1.0%。

⑤水泥比表面积(320 ± 20)m^2/kg。

因故得不到基准水泥时,允许采用 C_3A 含量 6%～8%,总碱量($Na_2O+0.658K_2O$)不大于 1%的熟料和二水石膏、矿渣共同磨制的强度等级大于(含)42.5 号的普通硅酸盐水泥。但仲裁仍需用基准水泥。

2)对砂的要求:按照《混凝土外加剂》(GB 8076—2008)检测外加剂、防水剂、防冻剂用的砂,应符合《建筑用砂标准》(GB/T 14684—2001)要求的细度模数为 2.6～2.9 的中砂。泵送剂用的砂为二区中砂,应符合《建筑用砂标准》(GB/T 14684—2001)要求的细度模数为 2.4～2.8,含水率小于 2%。膨胀剂用的砂应符合《水泥胶砂强度检验方法标准》(GB/T 17671—1999)要求的标准砂,速凝剂用的砂应符合《水泥强度试验标准砂》(GB 178—1977)要求的标准砂。

3)对石的要求:符合《建筑用卵石、碎石》(GB/T 14685—2001),粒径为 5～20mm,采用二级配,其中 5～10mm 占 40%,10～20mm 占 60%。如有争议,以卵石试验结果为准。

4)对水的要求:符合《混凝土用水标准》(JGJ 63—2006)要求。

(2)对环境的要求。混凝土外加剂用的各种材料及试验环境温度均应保持(20±3)℃。做膨胀剂试验用的环境温度为(20±2)℃,相对湿度不低于 50%。

(3)对配合比设计的要求。基准混凝土(未掺外加剂的混凝土)配合比按《混凝土配合比设计规程》(JGJ 55—2002)进行设计。掺非引气型外加剂混凝土(受检混凝土)和基准混凝土的水泥、砂、石的比例不变。配合比设计应符合表 6-7 的要求。

表 6-7　对混凝土配合比设计的要求

品　种	依据标准	用水量（mm） （按坍落度控制加水量）		水泥用量 （kg/m³）		砂率 （%）	
防冻剂	JC 475	坍落度 30±10 地标为 210±10		采用卵石 310±5 采用碎石 330±5		36～40	
泵送剂	JC 473	受检坍落度 210±10 基准坍落度 100±10		采用卵石 380±5 采用碎石 390±5		44	
速凝剂	JC 477	用水量（g）		基准水泥（g）		标准砂（g）	
		800		1600		2400	
膨胀剂	JC 476	用水量（g）		基准水泥与膨胀剂总量（g）		标准砂（g）	
		强度试件（三条）	限制膨胀率试件（三条）	强度试件（三条）	限制膨胀率试件（三条）	强度试件（三条）	限制膨胀率试件（三条）
		225	208	450	520	1350	1040
防水剂	JC 474	受检坍落度（80±10）mm		采用卵石 310±5 采用碎石 330±5		36～40（但掺引气减水剂和引气剂的混凝土的砂率比基准混凝土低 1%～3%）	
其　他	GB 8076	基准坍落度（80±10）mm					

注：采用地标检验泵送型防冻剂时，水泥用量和砂率按泵送剂 JC 473 的规定进行。

（4）对外加剂的试验项目及数量的要求（见表 6-8）。

表 6-8　混凝土外加剂的试验项目及数量

试验 项目	试验 类别	试验所需数量			
		混凝土 拌和批数	每批取 样数目	掺外加剂混凝 土总取样数目	基准混凝土 总取样数目
减水率	混凝土 拌和物	3	1 次	3 次	3 次
含气量		3	1 个	3 个	3 个
凝结时间差		3	1 个	3 个	3 个
压力泌水率比		3	1 次	3 次	3 次
坍落度保留值		3	1 次	3 次	—
抗压强度比	硬化 混凝土	3	9 或 12 块	27 或 36 块	27 或 36 块
渗透高度比		3	2 块	6 块	6 块
钢筋锈蚀	新拌或硬化 砂浆	3	1 块	3 块	—
安定性	硬化净浆	3	1 次	3 次	3 次

第七章　砌筑砂浆配合比
设计及性能试验

第一节　砌筑砂浆配合比设计

一、水泥混合砂浆配合比的设计步骤

1. 砂浆配合比设计依据的标准

砂浆配合比设计依据的标准:《砌筑砂浆配合比设计规程》(JGJ 98—2000)。

2. 计算砂浆试配强度 $f_{m,0}$(MPa)

(1)砂浆的试配强度应按下式计算。

$$f_{m,0} = f_2 + 0.645\sigma$$

式中　$f_{m,0}$——砂浆的试配强度,精确至 0.1MPa;

　　　f_2——砂浆抗压强度平均值,精确至 0.1MPa;

　　　σ——砂浆现场强度标准差,精确至 0.01MPa。

(2)砌筑砂浆现场强度标准差的确定应符合下列规定。

①当有统计资料时,应按下式计算:

$$\delta = \sqrt{\frac{\sum_{i=1}^{n} f_{m,i}^2 - \eta \mu_{fm}^2}{\eta - 1}}$$

式中　$f_{m,i}$——统计周期内同一品种砂浆第 i 组试件的强度(MPa);

　　　μ_{fm}——统计周期内同一品种砂浆 n 组试件强度的平均值(MPa);

η——统计周期内同一品种砂浆试件的总组数，$n \geqslant 25$。

②当不具有近期统计资料时，砂浆现场强度标准差 σ 可按表7-1取用。

表 7-1　砂浆强度标准差 σ 选用值　　（单位：MPa）

施工水平	砂浆强度等级					
	M2.5	M5	M7.5	M10	M15	M20
优　良	0.50	1.00	1.50	2.00	3.00	4.00
一　般	0.62	1.25	1.88	2.50	3.75	5.00
较　差	0.75	1.50	2.25	3.00	4.50	6.00

（3）水泥用量计算应符合的规定。

①每立方米砂浆中的水泥用量，应按下式计算：

$$Q_c = \frac{1000 \times (f_{m,0} - \beta)}{\alpha f_{ce}}$$

式中　Q_c——每立方米砂浆的水泥用量，精确至1kg；

$f_{m,0}$——砂浆的试配强度，精确至0.1MPa；

f_{ce}——水泥的实测强度，精确至0.1MPa；

α、β——砂浆的特征系数，其中 $\alpha = 3.03$，$\beta = -15.09$。

注：各地区也可用本地区试验资料确定 α、β 值，统计用的试验组数不得少于30组。

②在无法取得水泥的实测强度值时，可按下式计算 f_{ce}：

$$f_{ce} = \gamma_c f_{ce,k}$$

式中　γ_c——水泥强度等级值的富余系数，该值应按实际统计资料确定。无统计资料时，可取1.0；

$f_{ce,k}$——水泥强度等级对应的强度值。

（4）水泥混合砂浆的掺加料用量应按下式计算：

$$Q_D = Q_A - Q_C$$

式中　Q_D——每立方米砂浆的掺加料用量，精确至1kg；石灰膏、黏土膏使用时的稠度为(120±5)mm；

Q_C——每立方米砂浆的水泥用量，精确至 1kg；

Q_A——每立方米砂浆中水泥和掺加料的总量，精确至 1kg，宜为 300～350kg。

(5)每立方米砂浆中的砂子用量，应按干燥状态(含水率小于0.5%)的堆积密度值作为计算值(kg)。

(6)每立方米砂浆中的用水量，根据砂浆稠度等要求可选用240～310kg。

注：①混合砂浆中的用水量，不包括石灰膏或黏土膏中的水。

②当采用细砂或粗砂时，用水量分别取上限或下限。

③稠度小于 70mm 时，用水量可小于下限。

④施工现场气候炎热或干燥季节，可酌量增加用水量。

二、水泥砂浆配合比的选用

水泥砂浆的材料用量可按表 7-2 选用。

表 7-2　每立方米水泥砂浆材料用量表　　　(单位:kg)

强度等级	每立方米砂浆水泥用量	每立方米砂子用量	每立方米砂浆用水量
M2.5～M5	200～230		
M7.5～M10	220～280	1m³ 砂子的堆积密度值	270～330
M15	280～340		
M20	340～400		

注：1. 此表水泥强度等级为 32.5 级、大于 32.5 级水泥用量宜取下限。

　　2. 根据施工水平合理选择水泥用量。

　　3. 当采用细砂或粗砂时，用水量分别取上限或下限。

　　4. 稠度小于 701mm 时，用水量可小于下限。

　　5. 施工现场气候炎热或干燥季节，可酌量增加用水量。

　　6. 试配强度计算同水泥混合砂浆。

三、砂浆配合比的试配、调整与确定

(1)试配时应采用工程中实际使用的材料,搅拌要求和水泥混合砂浆相同。

(2)按计算或查表所得配合比进行试拌时,应测定其拌和物的稠度和分层度,当不能满足要求时,应调整材料用量,直到符合要求为止。然后确定为试配时的砂浆基准配合比。

(3)试配时至少应采用三个不同的配合比,其中一个为按上述第2条的规定得出的基准配合比,其他配合比的水泥用量应按基准配合比分别增加及减少10%。在保证稠度、分层度合格的条件下,可将用水量或掺加料用量作相应调整。

(4)对三个不同的配合比进行调整后,应按现行行业标准《建筑砂浆基本性能试验方法》(JGJ 70—1990)的规定成型试件,测定砂浆强度;并选定符合试配强度要求的且水泥用量最低的配合比作为砂浆配合比。

第二节　砌筑砂浆性能试验

一、砌筑砂浆试验依据的标准、规范和规程

(1)《砌体工程施工质量验收规范》(GB 50203—2002)。

(2)《建筑砂浆基本性能试验方法》(JGJ 70—2009)。

二、砌筑砂浆用材料要求

(1)砌筑砂浆用水泥的强度等级应根据设计要求进行选择。水泥砂浆采用的水泥,其强度等级不宜大于32.5级;水泥混合砂浆采用的水泥,其强度等级不宜大于42.5级。

(2)砌筑砂浆用砂宜选用中砂,其中毛石砌体宜选用粗砂。砂

的含泥量不应超过 5%。强度等级为 M2.5 的水泥混合砂浆,砂的含泥量不应超过 10%。

(3)掺加料应符合的规定。

①生石灰熟化成石灰膏时,应用孔径不大于 3mm×3mm 的网过滤,熟化时间不得少于 7d,磨细生石灰粉的熟化时间不得少于 2d。沉淀池中贮存的石灰膏,应采取防止干燥、冻结和污染的措施。严禁使用脱水硬化的石灰膏。

②采用黏土或亚黏土制备黏土膏时,宜用搅拌机加水搅拌,通过孔径不大于 3mm×3mm 的网过筛。用比色法鉴定黏土中的有机物含量时应浅于标准色。

③制作电石膏的电石渣应用孔径不大于 3mm×3mm 的网过滤,检验时应加热至 70℃并保持 20min,没有乙炔气味后,方可使用。

④消石灰粉不得直接用于砌筑砂浆中。

(4)石灰膏、黏土膏和电石膏试配时的稠度,应为(120±5)mm。

(5)粉煤灰的品质指标和磨细生石灰的品质指标应符合国家标准《用于水泥和混凝土中的粉煤灰》(GB 1596—2005)及行业标准《建筑生石灰粉》(JC/T 480—1992)的要求。

(6)配制砂浆用水应符合现行行业标准《混凝土拌和用水标准》(JGJ 63—2006)的规定。

(7)砌筑砂浆中掺入的砂浆外加剂,应具有法定检测机构出具的该产品砌体强度型检验报告,并经砂浆性能试验合格后,方可使用。

三、砌筑砂浆应达到规定的技术条件

(1)砌筑砂浆的强度等级宜采用 M20、M15、M10、M7.5、M5、M2.5。

(2)水泥砂浆拌和物的密度不宜小于 1900kg/m³;水泥混合砂

浆拌和物的密度不宜小于 1800kg/m³。

(3)砌筑砂浆稠度、分层度、试配抗压强度必须同时符合要求。

(4)砌筑砂浆的稠度应按表 7-3 的规定。

表 7-3 砌筑砂浆的稠度

砌体种类	砂浆稠度(mm)
烧结普通砖砌体	70～90
轻骨料混凝土小型空心砌块砌体	60～90
烧结多孔砖、空心砖砌体	60～80
烧结普通砖平拱式过梁	50～70
空斗墙、筒拱	
普通混凝土小型空心砌块砌体	
加气混凝土砌块砌体	
石砌体	30～50

(5)砌筑砂浆的分层度不得大于 30mm。

(6)水泥砂浆中水泥用量不应小于 200kg/m³,水泥混合砂浆中水泥和掺加料总量宜为 300～350kg/m³。

(7)具有冻融循环次数要求的砌筑砂浆,经冻融试验后,质量损失率不得大于 5%,抗压强度损失率不得大于 25%。

(8)砂浆试配时应采用机械搅拌。搅拌时间,应自投料结束算起,并应符合下列规定:

①对水泥砂浆和水泥混合砂浆,不得小于 120s。

②对掺用粉煤灰和外加剂的砂浆,不得小于 180s。

四、砌筑砂浆的取样批量、方法及数量的有关规定

(1)每一检验批且不超过 250m³ 砌体的各种类型及强度等级

的砌筑砂浆,每台搅拌机应至少抽检一次。每次至少应制作一组试块。如砂浆等级或配合比变更时,还应制作试块。

(2)冬期施工砂浆试块的留置,除应按常温规定要求外,尚应增留不少于1组与砌体同条件养护的试块,测试检验28d强度。

(3)施工中取样进行砂浆试验时,其取样方法和原则按相应的施工验收规范执行。应在使用地点的砂浆槽、砂浆运送车或搅拌机出料口,至少从三个不同部位集取。所取试样的数量应多于试验用料的1~2倍。

(4)砂浆拌和物取样后,应尽快进行试验。现场取来的试样,在试验前应经人工再翻拌,以保证其质量均匀。

五、砌筑砂浆的必试项目

(1)稠度试验。

(2)分层度试验。

(3)抗压强度试验。

六、砌筑砂浆必试项目的试验方法

1. 稠度试验

(1)砂浆稠度仪。由试锥、盛浆容器和支座(滑杆)三部分组成;另备钢制捣棒(直径10mm、长350mm、端部磨圆)和秒表。

(2)稠度试验步骤。

①盛浆容器和试锥表面用湿布擦干净,并用少量润滑油轻擦滑杆,然后将滑杆上多余的油用吸油纸擦净,使滑杆能自由滑动。

②将砂浆拌和物一次注入容器,使砂浆表面低于容器口约10mm,用捣棒自容器中心向边缘插捣25次,然后轻轻地将容器摇动或敲击五六下,使砂浆表面平整,然后将容器置于稠度测定仪的底座上。

③拧开试锥滑杆的制动螺钉,向下移动滑杆,当试锥尖端与砂

浆表面刚接触时,拧紧制动螺钉,使齿条测杆下端刚接触滑杆上端,并将指针对准零点上。

④拧开制动螺钉,同时计时间,待 10s 立即固定螺钉,将齿条测杆下端接触滑杆上端,从刻度盘上读出下沉深度(精确至 1mm)即为砂浆的稠度值。

⑤盛浆容器内的砂浆,只允许测定一次稠度,重复测定时,应重新取样。

⑥取两次试验结果的算术平均值,计算精确至 1mm;若两次试验值之差大于 20mm,则应另取砂浆搅拌后重新测定。

2. 分层度试验

分层度试验适用于测定砂浆拌和物在运输及停放时内部组分的稳定性。

(1)砂浆分层度筒。内径为 150mm,上节高度为 200mm、下节带底净高 100mm,用金属板制成,上下层连接处需加宽到 3～5mm,并设有橡胶垫圈;另备水泥胶砂振动台,砂浆稠度仪和木槌等。

(2)分层度试验步骤。

①首先将砂浆拌和物按砂浆稠度试验方法测定稠度。

②将砂浆拌和物一次装入分层度筒内,待装满后,用木槌在容器周围距离大致相等的四个不同地方轻轻敲击一两下,如砂浆沉落到低于筒口,则应随时添加,然后刮去多余的砂浆并用抹刀抹平。

③静置 30min 后,去掉上节 200mm 砂浆,剩余的 100mm 砂浆倒出放在拌和锅内拌 2min,再按砂浆稠度试验方法测其稠度,前后测得的稠度之差即为该砂浆的分层度值。

注:分层度还可采用快速法,其测定步骤为:将分层度仪固定在振动台(原水泥胶砂振动台)上,砂浆一次装入分层度筒内,振动20s;去掉上节 200mm 砂浆,剩余 100mm 砂浆倒出放在锅内拌

2min 再测定其稠度。

（3）分层度试验结果处理。

①取两次试验结果的算术平均值作为该砂浆的分层度值。

②两次分层度试验值之差如大于 20mm 应重做试验。

③砌筑砂浆的分层度不应大于 30mm。

3．抗压强度试验

（1）砂浆试模与捣棒。

①试模：尺寸为 70.7mm×70.7mm×70.7mm 的立方体，由铸铁或钢制成，应具有足够的刚度并拆装方便。试模内表面应机械加工，其不平度应为每 100mm 不超过 0.05mm。组装后各相邻面的不垂直度不应超过±0.5°。

②捣棒：直径 10mm，长 350mm 的钢棒，端部应磨圆。

（2）试块的制作。

①制作砌筑砂浆试件时，将无底试模放在预先铺有吸水性较好的纸的普通黏土砖（或工程现场使用的砌筑砖）上，砖的吸水率不小于 10%，含水率不大于 20%，试模内壁事先涂刷薄层机油或脱模剂。

②放在砖上的湿纸，应为湿的新闻纸（或其他未粘过胶凝材料的纸），纸的大小要以能盖过砖的四边为准，砖的使用面要求平整，凡砖四个垂直面粘过水泥或其他胶凝材料后，不允许再使用。

③向试模内一次注满砂浆，用捣棒均匀由外向里按螺旋方向插捣 25 次，为了防止低稠度砂浆插捣后，可能留下孔洞，允许用油灰刀沿模壁插数次，使砂浆高出试模顶面 6～8mm。

④当砂浆表面开始出现麻斑状态时（15～30min），将高出部分的砂浆沿试模顶面削去后抹平。

⑤试件制作后应在（20±5）℃温度环境下停置一昼夜（24±2）h，当气温较低时，可适当延长时间，但不应超过两昼夜，然后对试件进行编号并拆模。试件拆模后，应在标准养护条件下继续养护

至 28d,然后进行试压。

(3)试件标准养护的条件。

①水泥混合砂浆应为(20±3)℃,相对湿度 60%～90%。

②水泥砂浆应为(20±3)℃,相对湿度 90%以上。

③养护期间,试件彼此间隔不少于 10mm。

④当无标准养护条件时,可采用自然养护,水泥混合砂浆应在正温度,相对湿度 60%～80%的条件下养护(如养护箱中或不通风的室内);水泥砂浆应在正温度并保持试块表面湿度的状态下(如湿砂堆中)养护。养护期间必须做好温度记录。如有争议时,以标准养护条件为准。

(4)压力试验机。砂浆抗压强度试验用试验机,采用精度(示值的相对误差)不大于±2%的试验机,其量程应能使试件的预期破坏荷载值不小于全量程的 20%,也不大于全量程的 80%。

(5)砂浆立方体抗压强度试验步骤。

①试件从养护地点取出后,应尽快进行试验,以免试件内部的温湿度发生显著变化。试验前先将试件擦拭干净,测量尺寸,并检查其外观。试件尺寸测量精确至 1mm,并据此计算试件的承压面积。如实测尺寸与公称尺寸之差不超过 1mm,可按公称尺寸进行计算。

②将试件安放在试验机的下压板上,试件的承压面应与成型时的顶面垂直,试件中心应与试验机下压板中心对准。开动试验机,调整力盘指针或显示仪初读数到零位。当上压板与试件接近时,调整球座,使接触面均衡受压。抗压试验应连续而均匀地加荷,加荷速度为每秒钟 0.5～1.5kN(砂浆强度 5MPa 及 5MPa 以下时,取下限为宜,砂浆强度 5MPa 以上时取上限为宜),当试件接近破坏而开始迅速变形时,停止调整试验机油门,直至试件破坏,然后记录破坏荷载。

七、砂浆强度的计算及评定

(1)砂浆的立方抗压强度试验结束后,砂浆的强度应按下式计算:

$$f_{m,cu} = \frac{N_u}{A}$$

式中　$f_{m,cu}$——砂浆立方体抗压强度(MPa);

　　　N_u——立方体破坏压力(N);

　　　A——试件承压面积(mm^2)。

砂浆立方体抗压强度计算应精确至 0.1MPa。

以 6 个试件测值的算术平均值作为该组试件的抗压强度值。平均值计算精确至 0.1MPa。当 6 个试件测值的最大值或最小值与平均值的差超过 20%时,以中间四个试件的平均值作为该组试件的抗压强度值。

(2)砌筑砂浆试块强度验收时其强度合格标准必须符合的规定为:同一验收批砂浆试块抗压强度平均值必须大于或等于设计强度等级所对应的立方体抗压强度,同一验收批砂浆试块抗压强度的最小一组平均值必须大于或等于设计强度等级所对应的立方体抗压强度的 0.75 倍。

注:①砌筑砂浆的验收批,同一类型、强度等级的砂浆试块应不少于 3 组。当同一验收批只有 1 组(含两组)试块时,该组试块抗压强度的平均值必须大于或等于设计强度等级所对应的立方体抗压强度。

②砂浆强度应以标准养护,龄期为 28d 的试块抗压试验结果为准。

第八章 防水材料性能试验

第一节 防水材料基础知识

一、与防水材料有关的规范和标准

1. 工程质量验收规范

(1)《屋面工程质量验收规范》(GB 50207—2002)。

(2)《地下防水工程质量验收规范》(GB 50208—2002)。

(3)《建筑安装工程资料管理规程》(DBJ 01—51—2003)。

2. 常用材料标准

(1)《弹性体改性沥青防水卷材》(GB 18242—2000)。

(2)《塑性体改性沥青防水卷材》(GB 18243—2000)。

(3)《聚合物改性沥青复合胎防水卷材》(DBJ 01—53—2001)。

(4)《改性沥青聚乙烯胎防水卷材》(GB 18967—2003)。

(5)《高分子防水材料 第一部分 片材》(GB 18173.1—2000)。

(6)《聚氯乙烯防水卷材》(GB 12952—2003)。

(7)《氯化聚乙烯防水卷材》(GB 12953—2003)。

(8)《聚氨酯防水涂料》(GB 19250—2003)。

(9)《聚合物乳液建筑防水涂料》(JC/T 864—2000)。

(10)《聚合物水泥防水涂料》(JC/T 894—2001)。

(11)《无机防水堵漏材料》(JC 900—2002)。

(12)《水泥基渗透结晶型防水材料》(GB 18445—2001)。

(13)《高分子防水材料 第二部分 止水带》(GB 18173.2—2000)。

(14)《高分子防水材料 第三部分 遇水膨胀橡胶》(GB/T 18173.3—2002)。

3. 常用试验方法标准

(1)《沥青防水卷材试验方法》(GB 328—2007)。

(2)《硫化橡胶或热塑性橡胶拉伸应力应变性能的测定》(GB/T 528—2009)。

(3)《高分子防水卷材胶粘剂》(JC 863—2000)。

(4)《建筑防水涂料试验方法》(GB/T 16777—2008)。

二、防水材料试验管理的要求

(1)防水材料实行见证取样制度。单位工程见证取样批次应不少于该工程防水材料总试验批次的 30% 且不得少于 2 次。

见证取样记录表一式 3 份,试验委托方、见证方、实验室各执一份存档。

经见证取样的样品应由见证人贴见证封条。

(2)工程选用的防水材料应有厂方质检报告单或合格证及现场抽样试验报告单作为工程资料归档。

(3)防水材料进场后要按规定标准抽验外观质量、卷材厚度(卷重),外观合格方可抽样送试。送试时应提供厂方质检报告单及使用说明书交实验室,属见证取样试验的应交见证记录表。

无包装、标识的产品禁止进场;禁止以厂方提供的样品代替实际进货抽样;严格执行一次进货算一个批量的规定,禁止以小批进货的抽样替代全部进货;禁止防水施工承包商替代建筑总包方的现场试验工送样。

(4)实验室收样人应核查委托单内容是否与来样相符,尤其应注意卷材厚度,当发现卷材厚度与委托单不符时可拒收或在报告单结论栏中注明。实验室不允许接收委托方制好的防水涂料膜片或双组分防水涂料的混合物。

第二节　改性沥青基卷材试验

一、弹性体改性沥青防水卷材(SBS卷材)

1.《弹性体改性沥青防水卷材》(GB 18242—2000)SBS卷材的分类

(1)SBS卷材按胎体分为聚酯胎(PY)和玻纤胎(G)两类。

(2)SBS卷材按上表面隔离材料分为聚乙烯膜(PE)、细砂(S)与矿物粒(片)料(M)。

(3)SBS卷材按性能档次分为Ⅰ型和Ⅱ型。Ⅰ型产品技术指标相当于国际一般水平,标志性指标为低温柔度－18℃;Ⅱ型产品技术指标相当于国际先进水平,低温柔度－25℃。

2. SBS卷材现场抽样数的规定

(1)同厂、同品种、同规格卷材 10000m² 为一批,不足 10000m² 也为一批。

(2)每 500～1000 卷抽 4 卷,100～499 卷抽 3 卷,100 卷以下抽 2 卷,进行规格尺寸和外观质量检验。在外观质量检验合格的卷材中,任取一卷做物理性能检验。

(3)将试样卷材切除距外层卷头 2500mm 后,顺纵向切取 800mm 的全幅卷材试样两块,一块做物理性能检验用,另一块备用。

　　注:依据《屋面工程质量验收规范》(GB 50207—2002)、《地下防水工程质量验收规范》(GB 50208—2002)规定"大于 1000 卷抽 5 卷,…"只适用于批量 1500 卷的普通石油沥青纸胎卷材,对于其他卷材都超出了产品标准的批量规定,故不适用。

3. SBS卷材对卷重、面积、厚度、外观技术要求及检验方法

(1)标准对 SBS 卷材的卷重、面积、厚度的规定要求。卷重、面积及厚度应符合表 8-1 的规定。

表 8-1　卷重、面积及厚度

规格(工程厚度)(mm)		2		3			4					
上表面材料		PE	S	PE	S	M	PE	S	M	PE	S	M
面积(m²/卷)	公称面积	15		10			10			7.5		
	偏差	±0.15		±0.10			±0.10			±0.10		
最低卷重,kg/卷		33.0	37.5	32.0	35.0	40.0	42.0	45.0	50.0	31.5	33.0	37.5
厚度(mm)	平均值≥	2.0		3.0		3.2	4.0		4.2	4.0		4.2
	最小单值	1.7		2.7		2.9	3.7		3.9	3.7		3.9

(2)标准对 SBS 卷材的外观技术要求。

①成卷卷材应卷紧卷齐,端面里进外出不得超过 10mm。

②成卷卷材在 4～50℃ 任一产品温度下展开,在距卷芯 1000mm 长度外不应有 10mm 以上的裂纹或粘结。

③胎基应浸透,不应有未被浸渍的条纹。

④卷材表面必须平整,不允许有孔洞、缺边和裂口,矿物粒(片)料粒度应均匀一致并紧密地粘附于卷材表面。

⑤每卷接头处不应超过 1 个,较短的一段不应少于 1000mm,接头应剪切整齐,并加长 150mm。

(3)SBS 卷材的卷重、面积、厚度、外观的检验方法。

①卷重:用精度为 0.2kg 的台秤称量每卷卷材的质量。

②面积:用最小分度值为 1mm 卷尺测量宽度、长度,以长乘以宽得每卷卷材面积。若有接头,以量出两段长度之和减去 150mm 计算。

当面积超出标准规定的正偏差时,按公称面积计算其卷重,当其符合最低卷重量要求时,亦判为合格。

③厚度：使用 10mm 直径接触面，单位面积压力为 0.02MPa，分度值为 0.01mm 的厚度计测量，保持时间 5s。沿卷材宽度方向裁取 50mm 宽的卷材一条（50mm×1000mm），在宽度方向测量 5 点，距卷材长度边缘（150±15）mm 向内各取一点，在这两点中均取其余三点。对砂面卷材必须清除浮砂后再进行测量。计算 5 点的平均值作为该卷材的厚度。以所抽卷材数量的卷材厚度的总平均值作为该批产品的厚度。

④外观：将卷材立放于平面上，用一把钢板尺平放在卷材的端面上，用另一把最小分度值为 1mm 的钢板尺垂直伸入卷材端面最凹处，测得的数值即为卷材端面的里进外出值。然后将卷材展开按外观质量要求检查。沿宽度方向裁取 50mm 宽的一条，胎体内不应有未被浸透的条纹。

4. SBS 卷材必试项目、试验方法、结果计算及评定

（1）SBS 卷材的必试项目。

①拉力。

②最大拉力时延伸率（玻纤胎卷材除外）。

③不透水性。

④柔度。

⑤耐热度。

（2）SBS 卷材必试项目试验方法、结果计算。

1）按图 8-1 所示的部位及表 8-2 规定的尺寸和数量切取试件，试件边缘与卷材纵向边缘间的距离不小于 75mm。

2）拉伸试验方法、结果计算：

①将切取的纵、横各 5 块试件置于（23±2）℃环境温度下不少于 24h。把试件夹持在拉力机（测力范围 0～2000N，最小分度值不大于 5N）的夹具中心，上下夹具间距离为 180mm，调整拉力机的拉伸速度为 50mm/min。

②启动拉力机至试件拉断为止，记录最大拉力及最大拉力时

伸长值。

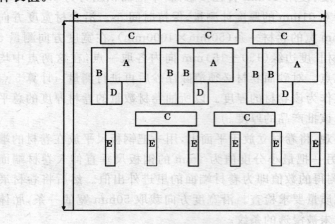

图 8-1　试件切取图

表 8-2　SBS 卷材试件尺寸和数量

试验项目		试验部位	试验尺寸(mm)	数　量
不透水性		A	由所用仪器而定	3
拉力及延伸率	纵	B	250×50	5
	横	C	250×50	5
耐热度		D	100×50	3
柔　度		E	150×25	6

③拉伸试验结果计算:分别计算纵向或横向 5 个试件拉力的算术平均值,精确至整数,单位为 N/50mm。延伸率计算式如下:

$$最大拉力时延伸率 = \frac{最大拉力时延伸值(mm)}{180mm} \times 100\%$$

分别计算纵向或横向 5 个试件最大拉力时延伸率的算术平均值,精确至 1%。

3)不透水性试验方法：

①将3个试件固定于不透水仪上。试件上表面为砂面矿物粒料时，下表面作为迎水面。

②升压至规定压力并保持30min。

③结果评定：3个试件均不透水为该项合格。

4)柔度试验方法：

①将切取的六个试件和弯板（或钢棒）同时放在指标规定温度的液体如汽车防冻液中，经30min浸泡后，自液体中取出立即沿弯板用手在约3s的时间内按均衡速度弯曲成180°，并用肉眼观察试件表面有无裂纹。

②6个试件中，3个试件的下表面及另外3个试件的上表面与钢棒或弯板面接触。2mm、3mm厚卷材采用直径30mm钢棒，4mm厚卷材采用直径50mm钢棒。

注：上述试验中试件浸入温度不易变化的防冻液中，试验结果较可靠，为北京市推荐的仲裁法。在标准中也允许将试件直接放入规定温度的低温箱中，但应至少放置2h。低温箱控温精度应≤2℃。

③试验结果评定：6个试件中至少有5个试件冷弯无裂纹为该项合格。

5)耐热度试验方法：

①将高温箱升至规定温度。

②将3个试件用曲别针悬吊于高温箱中保持2h。

③评定：试件受热后涂盖层应无滑动、流淌、滴落。任一端涂盖层不应与胎基发生位移，试件下端应与胎基平齐，无流挂、滴落。3个试件均应合格则判为该项合格。

5.SBS卷材试验结果的评定

(1)物理性能应符合表8-3的规定。

表 8-3　弹性体沥青防水卷材物理力学性能

序　号	胎　基		PY		G	
	型　号		I	II	I	II
1	不透水性	压力（MPa）≥	0.3		0.2	0.3
		保持时间（min）≥	30			
2	耐热度（℃）		90	105	90	105
			无滑动、流淌、滴落			
3	拉力（N/50mm）≥	纵　向	450	800	350	500
		横　向			250	300
4	最大拉力延伸率（%）≥	纵　向	30	40	—	
		横　向				
5	低温柔度（℃）		—18	—25	—18	—25
			无裂纹			

（2）卷重、面积、厚度与外观在抽取的卷材中均应符合规定要求。若其中一项不符合规定，允许在该批产品中另取同样卷数样品复查，若仍不符合规定，则判该批产品不合格。

（3）在物理力学性能检测中若有一项指标不符合标准规定，允许在该批产品中再抽取 1 卷对不合格项进行复验。达到标准规定时，则判该批产品合格。

（4）评定标准为《弹性体改性沥青防水卷材》(GB 18242—2000)。

二、塑性体沥青防水卷材（APP 卷材）

APP 卷材在检验、评定时与弹性体沥青防水卷材的主要区别为：塑性体沥青防水卷材涂层是用热塑性塑料（如无规聚丙烯 APP）改性沥青，其低温柔性不如弹性体改性沥青，但耐热性优于弹性体改性沥青，还可制成耐热度大于国家标准的道桥专用 APP 卷材。APP 卷材的品种、规格必试项目、试验方法等均与 SBS 卷材相同，物理力学性能应符合表 8-4 的要求，按《塑性体改性沥青防水卷材》(GB 18243—2000)标准评定。

表 8-4　塑性体沥青防水卷材物理力学性能

序　号	胎　基		PY		G	
	型　号		Ⅰ	Ⅱ	Ⅰ	Ⅱ
1	不透水性	压力(MPa)≥	0.3		0.2	0.3
		保持时间(min)≥	30			
2	耐热度(℃)①		110	130	110	130
			无滑动、流淌、滴落			
3	拉力(N/50mm)≥	纵　向	450	800	350	500
		横　向			250	300
4	最大拉力延伸率(%)≥	纵　向	24	40	—	
		横　向				
5	低温柔度(℃)		−5	−15	−5	−15
			无裂纹			

①当需要耐热度超过130℃卷材时，该指标可由供需双方协商确定。

三、聚合物改性沥青复合胎防水卷材

1. 聚合物改性沥青复合胎防水卷材(DBJ 01—53—2001)的分类质量评定

聚合物改性沥青复合胎防水卷材可以是 SBS 改性沥青涂层，也可以是 APP 改性沥青涂层。复合胎基分为以下两类：

(1) Ⅰ类。是玻纤毡和玻纤网格布(GK)、棉混合纤维无纺布

和玻纤网格布(NK),后者是目前北京市场上的主要品种。

(2)Ⅱ类。是聚酯毡和玻纤网格布(PYK)。该类卷材对卷重、面积、厚度和外观质量的要求均与 SBS、APP 卷材的国标相同,物理力学性能应符合表 8-5 和表 8-6 的要求。

表 8-5　SBS 改性沥青复合胎卷材物理力学性能

序　号	项　目		指　标	
			Ⅰ	Ⅱ
1	不透水性	压力(≥0.3MPa)	不透水	
		保持时间(30min)		
2	耐热度	90℃	无滑动、流淌、滴落	
3	拉力 (N/50mm)	纵　向	≥450	≥600
		横　向	≥400	≥500
4	低温柔度	−18℃	无裂纹	

表 8-6　APP 改性沥青复合胎卷材物理力学性能

序　号	项　目		指　标	
			Ⅰ	Ⅱ
1	不透水性	压力(≥0.3MPa)	不透水	
		保持时间(30min)		
2	耐热度	110℃	无滑动、流淌、滴落	
3	拉力 (N/50mm)	纵　向	≥450	≥600
		横　向	≥400	≥500
4	低温柔度	−5℃	无裂纹	

2. 聚合物改性沥青复合胎卷材的抽样方法、必试项目及试验方法

（1）同厂、同品种、同规格卷材 5000m² 为一批，不足 5000m² 也为一批。

（2）抽样方法与 SBS 卷材相同。

（3）必试项目。

①拉力。

②不透水性。

③耐热度。

④低温柔度。

（4）上述必项目的试验方法与 SBS 卷材相同，试样在（23±2）℃ 环境条件下放置至少 2h 再进行试验。

第三节　合成高分子卷材试验

一、三元乙丙防水卷材

1. 高分子防水卷材的执行标准

（1）《高分子防水材料　第一部分　片材》（GB 18173.1—2000）标准包括了以下各种高分子防水卷材（表 8-7）。

（2）三元乙丙卷材按 JL1 类产品执行。

（3）聚乙烯丙纶丝复合卷材按 FS2 类产品执行。

（4）聚氯乙烯（PVC）卷材应按《聚氯乙烯防水卷材》（GB 12952—2003）执行。

（5）氯化聚乙烯卷材应按《氯化聚乙烯防水卷材》（GB 12953—2003）执行。

（6）氯化聚烯-橡胶共混防水卷材执行厂方自行选定的标准，可执行 GB 18173.1—2000 中 JL2 类产品标准。

表 8-7　片材的分类

分　类		代　号	主要原材料
均质片	硫化橡胶类	JL1	三元乙丙橡胶
		JL2	橡胶（橡塑）
		JL3	氯丁橡胶、氯磺化聚乙烯、氯化聚乙烯等
		JL4	再生胶
	非硫化橡胶类	JF1	三元乙丙橡胶
		JF2	橡塑共混
		JF3	氯化聚乙烯
	树脂类	JS1	聚氯乙烯等
		JS2	乙烯醋酸乙烯、聚乙烯等
		JS3	乙烯醋酸乙烯改性沥青共混等
复合片	硫化橡胶类	FL	乙丙、丁基、氯丁橡胶、氯磺化聚乙烯等
	非硫化橡胶类	FF	氯化聚乙烯、乙丙、丁基、氯丁橡胶、氯磺化聚乙烯等
	树脂类	FS1	聚氯乙烯等
		FS2	聚乙烯等

2. 三元乙丙防水卷材的组批及取样的有关规定

(1)按 GB 18173.1—2000 标准的规定，以同品种、同规格的 5 000m² 卷材为一批。

(2)现场抽取 3 卷进行规格尺寸和外观质量检验，合格后从中抽一卷切除外层卷头 300mm，顺纵向切取 1500mm 长卷材进行物理性能检验。

3. 三元乙丙防水卷材的必试项目及试验方法

(1)三元乙丙防水卷材的必试项目。

①拉伸强度。

②伸长率（延伸率）。

③不透水性。

④低温弯折性。

注：GB 50207、GB 50208 均对搭接胶粘剂提出了剥离强度、浸水后剥离强度保持率指标，但上述规范没有将其列入必试项目，若工程需要，可专门提出委托试验要求。

（2）三元乙丙防水卷材的试验方法。试样应在(23±2)℃环境下放置 24h 后进行物理试验。试件的数量、尺寸按表 8-8 规定进行。

表 8-8 试件的数量、尺寸

试验项目	试样代号	试样尺寸（mm）	试样数量
不透水性	A	视仪器而定	3
拉伸性能	B,B′	GB528 中 I 型裁刀	6
低温弯折性	C,C′	120×50	纵、横各 2

裁样原则是左中右有代表性裁取，可参考图 8-2。

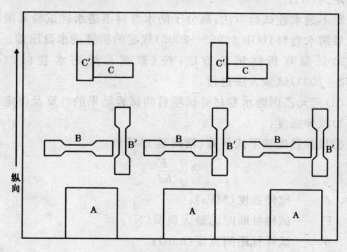

图 8-2 裁样参考图

1)拉伸强度试验方法：

①试验应在(23±2)℃条件下进行，将截取的试件，在其狭小平行部分印两条平行标线(印色与试样的颜色要有较大的反差)，每条线应与试样中心等距，即标距，两条标线间的距离为(25±0.5)mm，标线的粗度不应超过0.5mm，试样在印标线时，不应受到任何机械损伤。

②用厚度计测量试样标距内的厚度，精确至0.1mm。测量三点：在标距的两端和中心，取三个测量值的中值为试样工作部分(标距内受拉部分)的厚度值(d)。同一试样工作部分厚度测量值的最大差值为0.10mm。以裁刀工作部分刀刃间的距离作为试样工作部分宽度(b)。

③把试样置于夹持器的中心，试样不得歪扭，开动拉力试验机，试验机夹持器的移动速度应控制在(500±50)mm/min，直至把试样扯断(拉断)为止，记录试样扯断时的负荷(F)及扯断时标距间距离(L)。

2)不透水性试验方法：高分子防水卷材不透水性试验采用《聚氯乙烯防水卷材》(GB 12952—2003)规定的狭缝透水盘压盖。

3)低温弯折性试验方法：按《聚氯乙烯防水卷材》(GB 12952—2003)试验方法进行。

(3)三元乙丙防水卷材必试项目的试验结果的计算及评定。

1)拉伸强度：

①拉伸强度按下式计算(精确至1MPa)：

$$\delta = \frac{F}{bd}$$

式中　δ——拉伸强度(MPa)；

　　F——试样扯断时的最大负荷(N)；

　　b——试样标距间宽度(mm)；

　　d——试样标距间厚度(mm)。

②扯断伸长率按下式计算（精确至1%）：

$$\varepsilon = \frac{L - L_0}{L_0} \times 100\%$$

式中　ε——扯断伸长率（%）；

　　　L——试样扯断时标距间距离（mm）；

　　　L_0——试样初始标距（mm）。

③试验结果的评定：纵横各3个试件的中值均应达到拉伸强度及伸长率所规定的指标。

2）不透水性：以3个试件表面均无透水现象方可评定为不透水性合格。

3）低温弯折性：以4个试件均无断裂或裂纹方可评定为合格。

三元乙丙卷材理化性能应符合表8-9的规定。若有一项指标不符合技术要求，应另取双倍试样进行该项复试，复试结果如仍不合格，则该批产品为不合格。

表8-9　三元乙丙卷材的物理性能

项　目	指　标
断裂拉伸强度（MPa）	≥7.5
扯断伸长率（%）	≥450
不透水性（30min），无透漏	0.3
低温弯折性（℃）	≤−40

二、聚氯乙烯防水卷材（PVC卷材）

1. 聚氯乙烯防水卷材（GB 12952—2003）的分类

聚氯乙烯防水卷材可分为：无复合层（N类），纤维单面复合层（L类），织物胎体内增强（W类）三类。每类产品又分为Ⅰ型和Ⅱ型，Ⅱ型产品档次更高。

2. 聚氯乙烯防水卷材的组批及取样

聚氯乙烯防水卷材以同类同型的 10000m² 卷材为一批,不满 10000m² 也可作为一批。

在外观和尺寸偏差合格的样品中任取一卷,在距外层端部 500mm 处裁取 1.5m 送样。

3. 聚氯乙烯防水卷材的必试项目及试验方法

(1)必试项目。

①拉伸强度。

②断裂伸长率。

③低温弯折性。

④不透水性。

注:PVC 卷材在施工中的搭接往往是采用热焊方式,委托方若要求增试剪切状态下的粘合性项目,应提供焊接试样。

(2)试验方法。试样应在(23±2)℃环境条件下放置 24h 后按表 8-10 裁取所需试件。

表 8-10　聚氯乙烯防水卷材试件尺寸与数量

序　号	项　目	符　号	尺寸(纵向×横向)/(mm)	数　量
1	拉伸性能	A、A′	120×25	各 6
2	不透水性	D	150×150	3
3	低温弯折性	E	100×50	2

1)拉伸试验:

①无复合层类卷材(N 类)拉伸试验方法、结果计算及评定:

试验方法:无复合层类卷材(N 类)工作部分 6mm 宽,纵、横各 6 个,标距 25mm;拉伸速度(250±50)mm/min;拉力机夹具间距离约 75mm。对于机械式拉力机应保证测值在量程的 20%～80%,精度 1%。

用测厚仪测量试件标线及中点厚度,取中值作为试件厚度,精确到 0.01mm;以裁刀中间工作部分刀刃间距离作为试件宽度。

开动拉力机,记录最大拉力和断裂时标线间距离。若试件在标线外断裂则数据无效,用备用试件补做。

拉伸强度计算:

$$拉伸强度(MPa) = \frac{最大拉力(N)}{宽(mm) \times 厚(mm)}$$

拉伸强度计算精确至 0.1MPa。

断裂伸长率计算:

$$断裂伸长率(\%) = \frac{断裂标距 - 25mm}{25mm} \times 100\%$$

断裂伸长率计算精确至 1%。

分别计算纵、横向 5 个试件的算术平均值作为试验结果。

②纤维单面复合层(L 类)、织物胎体内增强(W 类)类卷材拉伸试验方法、结果计算及评定:试验方法:纤维单面复合层(L 类)、织物胎体内增强(W 类)工作部分宽10mm,标距50mm,纵、横各6个,拉伸速度(250±50)mm/min;拉力机夹具夹持试件两端标线。开动拉力机,记录最大拉力和断裂时夹具间距离。

拉力计算:

$$拉力(N/cm) = \frac{最大拉力(N)}{宽(mm)} \times 10$$

拉力计算精确至 1N/cm。

断裂伸长率计算:

$$断裂伸长率(\%) = \frac{断裂时夹具间距离(mm)}{50mm} \times 100\%$$

断裂伸长率计算精确至 1%。

分别计算纵、横向 5 个试件的算术平均值作为试验结果。

2)低温弯折性试验:

①低温弯折性试验方法:

将两个试件迎水面朝外弯曲 180°，订合。

将弯折仪上下平板间距调成卷材厚度的 3 倍。

将弯折仪翻开，试件放在下平板上，重合的一边朝向转轴，且距转轴 20mm。在设定温度下将弯折仪放入低温箱，达到规定温度后保持 1h。在低温箱内将上平板 1s 内压下，保持 1s 后取出试件，待恢复到室温后观察弯折处是否断裂，或用 6 倍放大镜观察试件弯折处是否有裂纹。

②结果评定：两个试件均无裂纹为合格。

3)不透水性试验：不透水性试验方法：将 3 个试件放入不透水仪，采用开缝透水盘(金属开缝槽盘)压紧密封，在 0.3MPa 压力下保持 2h，3 个试件均不透(渗)水为合格。

(3)聚氯乙烯防水卷材质量评定。聚氯乙烯防水卷材理化性能应符合表 8-11、表 8-12 的规定。

表 8-11　聚氯乙烯(N)类防水卷材的理化性能

序　号	项　目	I 型	II 型
1	拉伸强度(MPa)≥	8.0	12.0
2	断裂伸长率(%)≥	200	250
3	低温弯折性	-20℃无裂纹	-25℃无裂纹
4	不透水性	不透水	
5	剪切状态下的粘合性(N/mm)≥	3.0 或卷材破坏	

表 8-12　聚氯乙烯(L)类和(W)类防水卷材的理化性能

序　号	项　目	I 型	II 型
1	拉力(N/mm)≥	100	160
2	断裂伸长率(%)≥	150	200

续表 8-12

序　号	项　　目	Ⅰ型	Ⅱ型
3	低温弯折性	−20℃无裂纹	−25℃无裂纹
4	不透水性	不透水	
5	剪切状态下的粘合性 (N/mm)≥	L 类	3.0 或卷材破坏
		W 类	6.0 或卷材破坏

　　若以上试验项目中仅有一项不符合标准规定,允许在该批产品中随机另取一卷进行单项复试,合格则判该批产品理化性能合格,否则判该批产品理化性能不合格。

第四节　其他防水材料试验

一、聚氨酯防水涂料

1. 聚氨酯防水涂料执行的标准

《聚氨酯防水涂料标准》(GB/T 19250—2003)是 2004 年 3 月 1 日起实施的新标准,主要增加了单组分聚氨酯,产品的原等级改为Ⅰ型(高延伸率)、Ⅱ型(高强度)。

注: 2003 年 3 月北京市建委已发出通知,禁止在封闭施工环境中(如厕浴间)使用双组分聚氨酯。

2. 聚氨酯防水涂料的取样方法及数量有关规定

(1)聚氨酯防水涂料以 15t 为一验收批,不足 15t 也为一验收批。

(2)每一验收批取样总重约为 3kg。

(3)取样方法。搅拌均匀后,装入干燥的密闭容器中(甲、乙组份取样方法相同,分装不同的容器中)。

3. 聚氨酯防水涂料必试项目及试验方法

(1)必试项目。

223

①拉伸强度。

②断裂伸长率。

③低温弯折性。

④不透水性。

⑤固体含量。

(2)试验方法。

①试件的制备:试件在制备前在标准条件[温度(23±2)℃、湿度45%~75%]下放置24h。

在标准条件下,将静置后的样品搅拌均匀,若样品为双组分涂料则按生产厂要求的配比称取所需的甲组份(聚氨酯预聚体)和乙组份(固化剂),然后充分搅拌5min,在不混入气泡的情况下,倒入模框中涂覆。为了便于脱模,模框在涂覆前可用地板蜡、硅油或硅脂等脱模剂进行表面处理。样品按生产厂的要求一次或多次涂覆(建议单组分聚氨酯分3次涂),每次间隔不超过24h。保证最后涂膜厚度(1.5±0.2)mm,最后一次将表面刮平,在标准条件下养护96h(4d),然后脱模,涂膜翻过来继续养护72h(3d)。按图8-3及表8-13的要求裁取试件并注明编号。

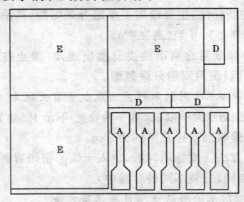

图8-3 试件裁取示意图

表 8-13　聚氨酯防水涂料试件制备

编　号	试验项目		试件形状	试件数量
A	拉伸强度和断裂伸长率	无处理	符合 GB 528 中 4.1 条规定的哑铃形 I 型形状	5
D	低温柔韧性试验	无处理	100mm×25mm	3
E	不透水性试验		由所用仪器决定	3

②拉伸试验：

a. 在试件的狭小平行部分印两条平行标线，每条标线应与试样中心等距，两标线间的距离为（25.0±0.5）mm，标线的粗度不应超过 0.5mm。

b. 用厚度计测量（精度为最小分度值 0.01mm）试样标距内的厚度，应测量三点，在标距的两端及中心各测一点，取三个测量值的中值为工作部分（试件受拉部分）的厚度值 d（精确至 0.01mm），但是三点的测量的最大差值不宜超过 0.10mm。

c. 将试件安装在拉伸试验机（示值精度不低于 1%，对机械式拉力机测值应在量程的 15%～85%）夹具上，拉伸速度调整为 500mm/min，夹具间距约为 70mm，开动试验机拉伸至试件断裂，记录试件断裂时的最大荷载，并用精度为 0.1mm 的标尺量取并记录试件破坏时标距间距离（L）。

③低温弯折性试验：将试件弯曲 180℃使 25mm 宽的边缘齐平，用订书机将边缘处固定，调整弯折机的上平板与下平板的距离为试件厚度的 3 倍，然后将三个试件分别平放在弯折机下平板上，试件重合的一边朝向弯折机轴，距转轴中心约 25mm。将放有试件的弯板机放入按规定恒温的冰箱中保持 2h 后，打开冰箱，在 1s 内将弯折机的上平板压下，达到所调距离的平行位置后，保持 1s 取出试件，并用 8 倍放大镜观察试件弯曲处的表面

有无裂纹。

④不透水性试验:将三块试件分别放置于不透水仪的三个圆盘上。再在每块试件上各加一块相同尺寸,孔径为(0.5±0.1)mm铜丝网布及圆孔透水盘,固定压紧,施加压力至0.3MPa,连续观察试件有无渗水现象,到30min为止。

⑤固体含量试验:取(6±1)g刚搅拌好的试样,置于已干燥、已称重的直径(65±5)mm的培养皿中(为便于试验后弃除试样,可在培养皿内垫两层干燥过的滤纸)刮平,立即称量,然后在标准条件下放置24h,再放入(120±2)℃的烘箱中,烘3h取出,放入干燥器中冷却至2h后称重(全部称量精确至0.01g)。试验平行测定两个试样。结果精确至1%。

4. 聚氨酯防水涂料必试项目的结果计算及评定

(1)拉伸强度和延伸率的试验结果计算。

①拉伸强度按下式计算:

$$T_B = \frac{P_B}{A}$$

式中　T_B——拉伸强度(MPa);

　　　P_B——最大荷载(N);

　　　A——试件断面面积(mm^2),$A=bd$。

②断裂时的延伸率按下式计算:

$$E = \frac{L-25}{25} \times 100\%$$

式中　E——断裂时的延伸率(%);

　　　25——拉伸前标距间距离(mm);

　　　L——断裂时标距间距离(mm)。

③试验结果的评定:试验结果以5个试件有效结果的算术平均值表示,取三位有效数字。

(2)低温弯折性试验结果的评定。以三个试件表面无裂纹及断裂,方可评定为低温弯折性合格。

(3)不透水性试验结果的评定。以三个试件表面均无渗水现象,方可评定为不透水性合格。

(4)固体含量试验结果计算。

①固体含量 $X(\%)$ 按下式计算:

$$X = \frac{W_2 - W_0}{W_1 - W_0} \times 100\%$$

式中　W_0——培养皿重(g);

　　　W_1——烘干前试样和培养皿重(g);

　　　W_2——烘干后试样和培养皿重(g)。

②试验结果的评定:以两次平行试验的平均值表示,结果精确至1%。

聚氨酯防水涂料性能应按《聚氨酯防水涂料》(GB/T 19250—2003)评定,满足表 8-14、表 8-15 要求。

表 8-14　单组分聚氨酯防水涂料物理力学性能

序　号	项　目	Ⅰ型	Ⅱ型
1	拉伸强度(MPa)≥	1.90	2.45
2	断裂伸长率(℃)≥	550	450
3	低温弯折性(℃)≤	—40	
4	不透水性(0.3MPa)	不透水	
5	固体含量(%)≥	80	
6	表干时间(h)≤	12	
7	实干时间(h)≤	24	
8	潮湿基面粘结强度(MPa)≥	0.50	

表 8-15　双组分聚氨酯防水涂料物理力学性能

序　号	项　目	Ⅰ型	Ⅱ型
1	拉伸强度(MPa)≥	1.90	2.45
2	断裂伸长率(℃)≥	450	450
3	低温弯折性(℃)≤	－35	
4	不透水性(0.3MPa)	不透水	
5	固体含量(%)≥	92	
6	表干时间(h)≤	8	
7	实干时间(h)≤	24	
8	潮湿基面粘结强度(MPa)≥	0.50	

　　试验结果若仅有一项指标不符合标准规定,允许在该批产品中再抽同样数量的样品,对不合格项进行单项复试。达到标准规定时,则判该批产品物理力学性能合格。

　　注:涂膜表干时间、实干时间虽不是必试项目,但若发现超过规定,应及时通知委托方并在试验报告单中注明。

二、水性沥青基防水涂料

　　1. 水性沥青基防水涂料分类

　　水性沥青基防水涂料可分为厚质(AE-1)和薄质(AE-2)两类。

　　(1)厚质(AE-1)。

　　①AE-1-A 水性石棉沥青防水涂料。

　　②AE-1-B 膨润土沥青乳液。

　　③AE-1-C 石灰乳化沥青。

　　(2)薄质(AE-2)。

　　①AE-2-a 氯丁胶乳沥青。

②AE-2-b 水乳性再生胶沥青涂料。

③AE-2-c 用化学乳化剂配制的乳化沥青。

2. 水性沥青基防水涂料取样方法和数量的规定

(1)水性沥青基防水涂料以 10t 为一验收批,不足 10t 者按一批抽检。每验收批取试样 2kg。

(2)取样方法:将所取试样搅拌均匀后,装入样品密闭容器中,并做好标志。

3. 水性沥青基防水涂料必试项目及试验方法

(1)必试项目。

①延伸性。

②柔韧性。

③耐热性。

④不透水性。

⑤固体含量。

(2)试验方法。

1)延伸性试验:

①试件的制备:

a. AE-1 类试件的制备:将 1 块不锈钢槽板内侧和 4 片不锈钢隔条用机油涂刷一遍,然后取 2 块 80mm×35mm×2mm 的铝板放入不锈钢槽板内,再将 4 片不锈钢隔条插入槽板两侧的小槽中,使 2 块铝板对接成一整体固定在槽板中。2 块铝板之间的缝隙不得大于 0.05mm,然后将搅匀的试样按稠度差异分 1~2 次共称取 (26.0±0.1)g 放入槽板内铝板的中段。每次称取试样后用抹刀将其刮平,放入(40±2)℃烘箱中烘干(8~10)h,最后一道涂层应在烘箱中烘干(24~30)h,趁热用锋利的小刀切割试件四周,使试件与槽板和隔条内侧脱离,将试件沿槽板底面平移到 150mm× 150mm 的釉面砖上。按此制备 3 块试件。

b. AE-2 类试件的制备:将 2 块石棉水泥板放入不锈钢槽板

内,再将4片不锈钢隔条插入槽两侧的小槽中,使两块石棉板成一整体固定在槽板中。两块石棉板之间的缝隙不得大于0.05mm,然后称取(26.0±0.1)g搅匀的试件放入槽板内的石棉板中段,用抹刀刮平,放入(40±2)℃烘箱中烘干4h,最后按样品的稠度差异再分2~3次共称取(6.0±0.1)g试样。每次称取试样后,按以上方法抹平烘干,最后一道涂层应在烘箱中烘干(20~30)h,趁热用锋利的小刀切割试件四周,使试件与槽板和隔条内则脱离,将试件沿槽板度面平移到150mm×150mm的釉面砖上。按此制备3块试件。

②试验方法:将试件在(20±2)℃的室温中放置2h,试验前先调整拉力机在无负荷情况下的自动拉伸速度:AE-1类试件10mm/min;AE-2类试件50mm/min。然后将试件夹持在拉力机的夹具中心,并不得歪扭,记录此时延伸尺指针所示数值L_0,开动拉力机,使试件受拉至出现裂口或剥离等现象时为止,记录这时延伸尺指针所示数值L_1,精确到0.1mm。

2)柔韧性试验:

①试片的制备:

a. AE-1类试片的制备:将牛皮纸平放在100mm×100mm的釉面砖上,按试样稠度差异分1~2次共称取(25.0±0.1)g搅匀的样品,每次称取试样后,用抹刀抹平,放入(40±2)℃烘箱中烘干(24~30)h。然后将烘干的试件(若边角卷翘,应在烘箱内轻轻压平)取出,冷却后用光边切刀切取3条80mm×25mm的试片。

b. AE-2类试片的制备:将牛皮纸平放在100mm×100mm的釉面砖上,然后按试样稠度差异分3~4次共称取(25.0±0.1)g搅拌的试样。每次称取试样后用玻璃棒刮平,并在(40±2)℃烘箱中放置(4~6)h。最后一道涂层应在烘箱中烘干(24~30)h,然后将烘干的试件取出,冷却后用光边切刀切取3条80mm×25mm的试片。

②试验方法：

a. 试验 AE-1 类试片时，将试片和装有 ϕ20mm 圆棒的柔韧性试验架一起浸入盛有规定温度水的保温桶中，保持 30min 后，在水中捏住试片两端，涂层面朝上，绕圆棒半周。然后取出试片立即观察其开裂情况。

b. 试验 AE-2 类试片时，将试片和装有 ϕ10mm 圆棒的柔韧性试验架一起放入已调节至规定温度的冰箱中，冷冻 2h，戴上手套，打开冰箱门，迅速捏住试件的两端，涂层面朝上，在 3～4s 内将 3 条试片依次绕圆棒半周，然后取出试片，立即观察其开裂情况。

3）耐热性试验：

①试件的制备：

a. AE-1 类试件的制备：取 3 块干净铝板，按样品的稠度差异在每块干净铝板上分 1～2 次共称取（40.0±0.1）g 搅匀的试样，每次称取试样后，用抹刀压实刮平，放入（40±2）℃烘箱中烘干（24～30）h。

b. AE-2 类试件的制备：取 2 块干净铝板，按样品的稠度差异在每块干净铝板上分 3～4 次共称取（12.5±0.5）g 搅匀的试样。每次称取试样后，用抹刀刮平，并在（40±2）℃烘箱中放置 4～6h，最后一道涂层应在烘箱中烘干 24～30h。

②试验方法：将烘干的试样置于试验架上，放入（80±2）℃的电热恒温箱内。试件与烘箱底面成 45°角，与烘箱壁之间距离不小于 50mm。试件的中心与温度计的水银球应在同一位置上，在鼓风下恒温 5h 后取出，立即观察其表面情况。

4）不透水性试验：

①试件的制备：

a. AE-1 类试件的制备：把 3 张油毡原纸（或牛皮纸）分别放在 3 块 150mm×150mm 釉面砖上，然后在每张油毡原纸上将搅匀的试样按稠度差异分 1～2 次共称取(80.0±0.1)g,单面涂刷。每次称取试样后,用抹刀压实抹平,在(40±2)℃的烘箱内烘干 24～30h,若试件烘干后边角卷翘,应在(40±2)℃烘箱中轻轻压平。

b. AE-2 类试件的制备:把 3 张油毡原纸(或牛皮纸)分别平放在 3 块 150mm×150mm 釉面砖上,然后在每张油毡原纸上将搅匀的试样按稠度差异分 3～4 次共称取(56.0±0.1)g,单面涂刷。每次称取试样后用玻璃棒刮平,在(40±2)℃的烘箱中放置 4～6h,最后一道涂层应在烘箱中放 24～30h 至干燥,若试件烘干后边角卷翘,应在(40±2)℃烘箱中轻轻压平。将 3 块试件涂层面迎水,分别置于透水仪的三个圆盘上,再在每块试件上面加 1 块0.2mm 孔径铜丝网布或有机玻璃板,拧紧压盖,施加水压至0.1MPa,恒压 30min,连续观察试件有否渗水现象。

5)固体含量试验:按《建筑防水涂料试验方法》(GB/T16777—2008)执行,即以 2 只已称重的玻璃培养皿各加约2g试样称重后于(105±2)℃鼓风干燥箱(打开排气孔)烘 1h,取出后于干燥器中冷却至室温,称重,再入干燥箱烘 0.5h,取出冷却称重,直至前后两次称量差不大于 0.01g(全部称量精确至 0.01g)。

4. 水性沥青基防水涂料必试项目试验结果的计算和评定

(1)延伸性的试验结果计算和评定。

①每个试件的延伸值按下式计算:

$$L = L_1 - L_0$$

式中　L ——延伸值(mm);

L_0 ——试件拉伸前的延伸尺指针读数(mm);

L_1 ——试件拉伸后的延伸尺指针读数(mm)。

②结果评定:以三个试件的算术均值作为延伸值数值。

(2)柔韧性试验结果的评定。若有任一条试片有裂纹、断裂现象,按不合格评定,并标明试验温度。

（3）耐热度试验结果的评定。若有任一个试件表面有流淌起泡和滑动等现象，按不合格评定。

（4）不透水性试验结果的评定。若有任一块试件油毡原纸表面有水迹，即表明已渗水，按不合格评定。

（5）粘结性试验结果的评定。

$$粘结强度（MPa）=\frac{载荷值（N）}{500mm^2}$$

以三个试件的算术平均值作为粘结性数值，精确到0.01MPa。

注：采用其他单杠杆电动抗折仪时的粘结性的计算可按设备使用说明书中计算抗拉强度公式进行。

（6）固体含量试验结果的计算和评定。

①固体含量试验结果的计算：

$$X=\frac{W_2-W_1}{G}\times100\%$$

式中　W_1——容器质量（g）；

　　　W_2——烘干后试样和容器质量（g）；

　　　G——试样质量（g）。

②固体含量试验结果评定：以平行试验的平均值表示，精确到1%，平行试验的相对误差不得大于2%。

水性沥青基防水涂料质量指标按《水性沥青基防水涂料》（JC 408—1996）评定，应满足表8-16的要求。

三、聚合物水泥防水涂料

1. 聚合物水泥防水涂料的分类

聚合物水泥防水涂料（简称JS防水涂料）是丙烯酸酯等聚合物乳液与以水泥为主体的粉料按一定比例混合使用的涂料。产品分为Ⅰ型和Ⅱ型两类：

表 8-16　水性沥青基防水涂料质量指标

项　目	质量指标			
	AE-1		AE-2	
	一等品	合格品	一等品	合格品
外　观	搅拌后为黑色或黑灰色均质膏体或黏稠体,搅匀和分散在水溶液中无沥青丝	搅拌后为黑色或黑灰色均质膏体或黏稠体,搅匀和分散在水溶液中无沥青丝	搅拌后为黑色或蓝褐色均质液体,搅拌棒上不粘附任何颗粒	搅拌后为黑色或蓝褐色液体,搅拌棒上不粘附明显颗粒
固体含量（%）不小于	50		43	
延伸性（mm）不小于　无处理	5.5	4.0	6.0	4.5
柔韧性	（5±1）℃	（10±1）℃	（−15±1）℃	（−10±1）℃
	无裂纹、断裂			
耐热性（℃）	无流淌、起泡和滑动			
粘结性(MPa)不小于	0.2			
不透水性	不渗水			

　　(1) Ⅰ型产品是以聚合物为主,主要用于非长期浸水环境下的建筑防水工程,如坡屋面、厕浴间、厨房。

　　(2) Ⅱ型产品以水泥为主,适用于长期浸水环境下的建筑防水工程,如厕浴间、地下基础。

　　注:根据京 2002TJ1《北京市厕浴间防水推荐做法》规定:Ⅱ型

产品只能用于一般工业、民用建筑，Ⅰ型产品还可用于重要的工业与民用公共建筑或民用高层建筑。

2. 聚合物水泥防水涂料的组批和取样

(1)乳液、粉料共计 10t 为一批，不足 10t 也按一批计。

(2)抽样前乳液应搅拌均匀，乳液、粉料按配比共取 5kg 样品。

3. 聚合物水泥防水涂料的必试项目及试验方法

(1)必试项目。

①固体含量

②拉伸强度

③断裂伸长率

④低温柔性(Ⅱ型产品无此项)

⑤不透水性(用于地下防水工程时改试抗渗性)

(2)试验方法。样品试验前应在(23±2)℃环境下放置至少24h。

1)试件制备:将在标准条件下放置后的样品按生产厂指定的比例分别称取适量液体和固体组分，混合后机械搅拌 5min，倒入模具中涂覆，注意勿混入气泡。为方便脱模，模具表面可用硅油或石蜡进行处理。试样制备时分二次或三次涂覆，后道涂覆应在前道涂层实干后进行，在 72h 之内使试样厚度达到(1.5±0.2)mm。试样脱模后在标准条件下放置 168h，然后在(50±2)℃干燥箱中处理 24h，取出后置于干燥器中，在标准条件下至少放置 2h 再切取试件。

2)拉伸性能试验:拉伸试验方法、计算均与聚氨酯防水涂料相同(略)，但拉伸速度为 200mm/min，计算结果精确至 0.1MPa,1%。

3)低温柔性试验:切取 100mm×25mm 的试件三块。将试件和 φ10mm 的圆棒一起放入低温箱中，在−10℃温度下保持 2h 后打开低温箱，迅速捏住试件两端，在 3~4s 内绕圆棒弯曲 180°，取出试件立即观察其表面有无裂纹，断裂现象。三块试件均无裂纹则判为该项合格。Ⅱ型产品用于厕浴间或地下,不做此项试验。

4)不透水性试验:试验方法、判定方法与聚氨酯防水涂料相同(略)。

当Ⅱ型产品用于地下时此项试验可不做,但必须测试抗渗性。

5)抗渗性试验:

①试验器具:

a. 砂浆渗透试验仪:SS_{15}型。

b. 水泥标准养护箱(室)。

c. 金属试模:截锥带底圆模,上口直径 70mm,下口直径 80mm,高 30mm。

d. 捣棒:直径 10mm,长 350mm,端部磨圆。

e. 抹刀。

②试件制备:

a. 砂浆试件的制备:确定砂浆的配比和用量,并以砂浆试件在 0.3～0.4MPa 压力下透水为准,确定水灰比。每组试验制备三个试件,脱模后放入(20±2)℃的水中养护 7d。取出待表面干燥后,用密封材料密封装入渗透仪中进行砂浆试件的抗渗试验。水压从 0.2MPa 开始,恒压 2h 后增至 0.3MPa,以后每隔 1h 增加 0.1MPa,直至三个试件全部透水。

b. 涂膜抗渗试件的制备:从渗透仪上取下已透水的砂浆试件,擦干试件上口表面水渍,将待测涂料样品按生产厂指定的比例分别称取适量液体和固体组分,混合后机械搅拌 5min,在三个试件的上口表面(背水面)均匀涂抹混合好的试样,第一道 0.5～0.6mm 厚。待涂膜表面干燥后再涂第二道,使涂膜总厚度为 1.0～1.2mm。待第二道涂胶表干后,将制备好的抗渗试件放入水泥标准养护箱(室)中放置 168h,养护条件为:温度(20±1)℃,相对湿度不小于 90%。

③试验方法:将抗渗试件从养护箱中取出,在标准条件下放

置,等表面干燥后装入渗透仪,按上述"砂浆试件的制备"中所述加压程序,进行涂膜抗渗试件的抗渗试验。当三个抗渗试件中有两个试件上表面出现透水现象时,即可停止试验,记录当时水压(MPa)。当抗渗试件加压至 1.5MPa、恒压 1h 还未透水,应停止试验。

④抗渗性试验结果报告:涂膜抗渗性试验结果,应报告三个试件中二个未出现透水时的最大水压力。

6)固体含量试验:将样品按生产厂指定的比例混合均匀后按聚氨酯固体含量的测定方法进行。区别是不必放置 24h 再入烘箱,烘箱温度为(105±2)℃。

4.聚合物水泥防水涂料的评定

(1)外观。产品的两组分经分别搅拌后,其液体组分应为无杂质、无凝胶的均匀乳液,固体组分应为无杂质、无结块的粉末。不符合上述规定的产品为不合格品。

(2)物理性能。产品物理力学性能应符合表 8-17 的要求。

表 8-17

序 号	试验项目		技术指标	
			Ⅰ 型	Ⅱ 型
1	固体含量(%)≥		65	
2	拉伸强度	无处理(MPa)≥	1.2	1.8
3	断裂伸长	无处理(MPa)≥	200	80
4	低温柔性 φ10mm 棒		−10℃无裂缝	—
5	不透水性(0.3MPa,30min)		不透水	不透水
6	潮湿基面粘结强度(MPa)≥		0.5	1.0
7	抗渗性(背水面)(MPa)≥		—	0.6

注:如产品用于地下防水工程,不透水性可不测试,但必须测试抗渗性。

若有两项或两项以上指标不符合标准时,判该批产品为不合格;若有一项指标不符合标准时,允许在同批产品中加倍抽样进行单项复验,若该项仍不符合标准,则判该批产品为不合格。评定标准为《聚合物水泥基防水涂料》(JC/T 894—2001)。

四、止水带

1. 橡胶止水带

(1)橡胶止水带的分类。橡胶止水带分为 B 类、S 类、J 类三类。

①B 类——适用于变形缝用止水带。

②S 类——适用于施工缝用止水带。

③J 类——适用于有特殊耐老化要求的接缝用止水带。

注:有的止水带具有钢边;有的止水带是用塑料树脂制成的,目前执行企业标准。

(2)止水带的组批和取样。以每月同标记的止水带产量为一批。一般截取 0.5~1m 长送样,应在样品上带有生产时形成的接头。

(3)止水带的必试项目。

①拉伸强度。

②扯断伸长率。

③撕裂强度。

(4)止水带试验方法。试样应在(23±2)℃环境下放置 24h 后进行试验。

①拉伸试验:用橡胶业Ⅱ型裁刀(工作部分 4mm 宽),在设计工作面的接头处沿止水带延伸方向冲切至少 3 个哑铃型试件,接头部位应保证使其位于两条标线之内。试件应按《硫化橡胶或热塑性橡胶样品和试样的制备 第一部分:物理试验》(GB/T 9865—1996)的规定切磨至(2±0.2)mm 厚。

②拉伸方法、拉伸强度与扯断伸长率的计算方法与三元乙丙防水卷材相同,只是标距改为 20mm。取 3 试件计算值的中值为

结论值。

③撕裂强度试验：用直角撕裂裁刀在设计工作面冲切与止水带延伸方向垂直的 5 个试件，并切磨成(2±0.2)mm 厚。

试验、计算方法按《硫化橡胶热塑性橡胶撕裂强度的测定》(GB/T 529—2008)执行，取 5 试件计算值的中值为结论值。

④止水带试验结果评定：止水带按《高分子防水材料 第二部分 止水带》(GB 18173.2—2000)评定，物理性能应符合表 8-18 的规定。止水带接头部位的拉伸强度不得低于表中标准值的 80%。若拉伸试样无接头，应在报告单中注明。

表 8-18　止水带质量指标

序　号	项　目	指　标		
		B	S	J
2	拉伸强度(MPa)	15	12	10
3	扯断伸长率(%)	380	380	300
5	撕裂强度(kN/m²)	30	25	25

若物理性能有一项指标不符合技术要求，应另取双倍试样进行该项复试，复试结果如果仍不合格，则该批产品为不合格。

2. 遇水膨胀橡胶止水条

遇水膨胀橡胶止水条大多由有机吸水材料与橡胶混合制成，适用标准为《高分子防水材料 第 3 部分 遇水膨胀橡胶》(GB 18173.3—2002)。在地下防水工程中最常见的是腻子型止水条，制品型(硫化过，可保持固定形状)止水条应用较少。尚有一些厂家生产的止水条是以膨润土为主要原料的，试验方法、评定依据《膨润土橡胶遇水膨胀止水条》(JG/T 141—2001)，其产品代号为 BW，生产厂家常将这类产品套用 GB 18173.3 国家标准。

(1)腻子型止水条的型号。腻子型止水条根据膨胀倍率的高低分 PN-150、PN-220、PN-300 三种型号。

注:膨润土橡胶遇水膨胀止水条分普通型(C 型)、缓膨型(S 型)两种。

(2)止水条的组批和取样。以每月同标记的止水条为一批。任取约 1m 长送试。

(3)止水条的试验项目。

①体积膨胀倍率。

②高温流淌性。

③低温试验。

(4)止水条的试验方法。

1)体积膨胀倍率试验:

① Ⅰ法:将试样切成(2.0±0.2)mm 厚的试件 3 片,尽可能去掉止水条表层。将制作好的试样先用 0.001g 精度的天平称出在空气中的质量,然后再称出试样悬挂在蒸馏水中的质量(若用毛发悬挂,其质量可忽略不计)。

将试样浸泡在(23±5)℃的 300mL 蒸馏水中,试验过程中,应避免试样重叠及水分的挥发。

试样浸泡 72h 后,先用 0.001g 精度的天平称出其在蒸馏水中的质量,然后用滤纸轻轻吸干试样表面的水分,称出试样在空气中的质量。计算公式如下:

$$\Delta V = \frac{m_3 - m_4 + m_5}{m_1 - m_2 + m_5} \times 100\%$$

式中　ΔV ——体积膨胀倍率(%);

m_1——浸泡前试样在空气中的质量(g);

m_2——浸泡前试样在蒸馏水中的质量(g);

m_3——浸泡后试样在空气中的质量(g);

m_4——浸泡后试样在蒸馏水中的质量(g);

m_5——坠子在蒸馏水中的质量(g)(如无坠子用发丝等特

轻细丝悬挂可忽略不计）

计算方法：体积膨胀倍率取三个试样的平均值。

②Ⅱ法：若试件在水中浸泡会散裂成碎块或泥状，用Ⅰ法不能称重时才用Ⅱ法。此方法误差较大。

取试样质量为 2.5g，制成直径约为 12mm，高度约为 12mm 的圆柱体，数量为 3 个。将制作好的试样先用 0.001g 精度的天平称出在空气中的质量，然后再称出试样悬挂在蒸馏水中的质量（必须用发丝等特轻细丝悬挂试样）。先在量筒中注入 20mL 左右的 (23±5)℃的蒸馏水，放入试样后，加蒸馏水至 50mL。然后保持此温度放置 120h（试样表面必须和蒸馏水充分接触）。

读取量筒中试样占水体积的毫升数，（即试样的高度）把 mL 数换算为 g（水的体积为 1mL 时，质量为 1g）。计算公式如下：

$$\Delta V = \frac{m_3}{m_1 - m_2} \times 100\%$$

式中　ΔV——体积膨胀倍率(%)；

　　　m_1——浸泡前试样在空气中的质量(g)；

　　　m_2——浸泡前试样在蒸馏水中的质量(g)；

　　　m_3——试样占水体积的 mL 数，换算为质量(g)。

计算方法：体积膨胀倍率取三个试样的平均值。

2)高温流淌性试验：将三个 20mm 见方，4mm 厚的试件分别置于 75°倾角的带凹槽木架上，使试样厚度的 2mm 在槽内，2mm 在槽外；一并放入(80±2)℃的干燥箱内，5h 后取出，观察试样有无明显流淌，以不超过凹槽边线 1mm 为无流淌。三个试件均不流淌为合格。

3)低温试验：将试样切、压成 50mm×100mm×2mm 的试件 2 片，在(−20±2)℃低温箱中停放 2h，取出后立即在 φ10mm 的棒上缠绕一圈，观察其是否脆裂。2 片均不脆裂为合格。

(5)止水条试验结果评定。依据《高分子防水材料 第 3 部分遇水膨胀橡胶》(GB 18173.3—2002)评定腻子型止水条以上三项试验结果均应符合表 8-19 的规定。

表 8-19　腻子型膨胀橡胶物理性能

序　号	项　目	指　标		
		PN-150	PN-220	PN-300
1	体积膨胀倍率(%)	15	12	10
2	高温流淌性(80℃×5h)	无流淌	无流淌	无流淌
3	低温试验(−20℃×2h)	无脆裂	无脆裂	无脆裂

注:检验结果应注明试验方法。

若有一项不符合技术要求,应另取双倍试样进行该项复试,复试结果若仍不合格,则该批产品为不合格。

第九章　路面材料试验

第一节　土的试验

一、土的含水量试验方法

1. 含水量的基本概念

土中的水分为强结合水、弱结合水及自由水。工程上含水量定义为土中自由水的质量与土粒质量之比的百分数，一般在 105～110℃温度下能将土中自由水蒸发掉。

$$\omega = \frac{m_w}{m_s} \times 100$$

式中　ω——含水量（%）；

m_w——土中水的质量（g）；

m_s——干土质量（g）。

2. 试验方法

烘干法是（含水量的测定还有其他方法，此仅介绍烘干法测含水量）测定含水量的标准方法，适用于黏质土、粉质土、砂类土和有机质土类。

（1）烘干法的试验步骤。取具有代表性试样，细粒（30±15）g，砂类土、有机土为 50g，放入称量盒内，立即盖好盒盖，称其质量。称量时，可在天平一端放上与该称量盒等质量的砝码，移动天平游码，平衡后称量结果即为湿土质量。揭开盒盖，将试样和盒放入烘箱内，在温度 105～110℃恒温下烘干。烘干时间：对细粒土不得少于 8h；对砂粒土不得少于 6h。对含有机质超过 5％的土，应将温度控制在 65～70℃的恒温下烘干。

将烘干后的试样和盒取出，放入干燥器内冷却（一般只需 0.5～1h 即可）。冷却后盖好盒盖，称质量，准确至 0.01g。

（2）试验结果整理、评定。

①含水量按下式计算，计算至 0.1％。

$$\omega = \frac{m - m_s}{m_s} \times 100\%$$

式中　ω——含水量（％）；

　　　m——湿土质量（g）；

　　　m_s——干土质量（g）。

②结果评定：该试验须进行二次平行测定，取其算术平均值，允许平行误差值（％）应符合表 9-1 的规定。

表 9-1　含水量测定的允许平行误差（％）

含水量	允许平均误差值
5 以下	≤0.3
40 以下	≤1.0
40 以上	≤2.0

二、环刀法测土密度的试验方法

环刀法采用一定体积的环刀切削土样，使土按环刀形状充满其中，测环刀中土重，根据已知环刀的体积就可以定义计算土的密度。有不同型号的环刀可供选用，室内测试时，应结合我国设备情况，可选用剪切、压缩、渗透仪环刀。施工现场检查土密度时，因每层土压实度上下不均，而每一层压实厚度达 20～30cm。环刀容积过小，取土深度稍有变化，所测密度误差就较大，为此可选用大容积环刀提高测试精度。

1. 环刀法测土密度的试验步骤

工程需要取原状土或制备所需状态的扰动土样,整平两端,环刀内壁涂一薄层凡士林,刀口向下放在土样上。用修土刀或钢丝锯将土样上部削成略大于环刀直径的土柱。然后将环刀垂直下压,边压边削,至土样伸出环刀上部为止。削去两端余土,使与环刀口面齐平。并用剩余土样测定含水量。擦净环刀外壁,称出环刀与土的总质量 m,准确至 0.1g。

2. 试验结果整理

(1)试验结果按下式计算湿密度:

$$\rho = \frac{m_1 - m_2}{V}$$

式中　ρ——湿密度(g/cm^3);

　　m_1——环刀与土总质量(g);

　　m_2——环刀质量(g);

　　V——环刀体积(cm^3)。

(2)该试验须进行二次平行测定,结果取其算术平均值,二次平行差值不得大于 $0.03g/cm^3$。

三、液塑限试验方法

1. 液塑联合测定法

(1)试验方法。取有代表性的天然含水量土样或风干土样进行试验。如土中含有大于 0.5mm 的土粒或杂物时,应将风干土样用带揉皮头的研杆研碎或用木棒在橡皮板上压碎,然后过 0.5mm 筛。取代表性土样 200g,分开放入三个盛土皿中,加不同数量的蒸馏水,使土样的含水量分别控制在液限(a 点)、略大于塑限(c 点)和二者的中间状态(b 点)附近。用调土刀调匀,密封放置 18h 以上。

将制备好的土样充分搅拌均匀,分层装入盛土杯中,试杯装满后,刮成与杯边齐平。

给圆锥仪锥尖涂少许凡士林。将装好土样的试杯放在联合测定仪上,使锥尖与土样表面刚好接触,然后按动落锥开关,测记经过 5s,锥的入土深度 h。

重复以上步骤,对已制备的其他两个含水量的土样进行测试。

(2)试验结果整理。在二级双对数坐标纸上,以含水量 ω 为横坐标,锥入深度 h 为纵坐标,点绘出 a、b、c 三点含水量的 h-ω 图,连此三点,应呈一条直线。

在 h-ω 图上,查得纵坐标入土深度 $h=20\text{mm}$ 所对应的横坐标的含水量 ω,即为该土样的液限含水量 ω_L。

①对于细粒土:用下式计算塑限入土深度 h_p:

$$h_p = \frac{\omega_L}{0.524\omega_L - 7.606}$$

②对于砂类土:用下式计算塑限入土深度 h_p:

$$h_p = 29.6 - 1.22m_L + 0.017\omega_L{}^2 - 0.0000744\omega_L{}^3$$

注:也可不计算 h_p,而在《公路土工试验规程》(JTGE 40—2007)规程上用相应的图查取 h_p。根据 h_p 值,再查试验结果 h-ω 图,对应 h_p 的含水量即为塑限含水量 ω_p 值。

2. 塑限含水量的搓条试验法:

搓条法测土的塑限为国内外过去常用的基本方法。虽然其标准不易掌握,人为因素较大,但由于历史原因,用其结果已设计建造了大量工程,积累了许多经验。目前在确定塑限标准时仍以联合测定法为基本依据之一。

该试验按联合测定法备土料,然后取含水量接近塑限的试样一小块,先用手搓成椭圆形,然后用手掌在毛玻璃板上轻轻滚搓。当土条搓至直径为 3mm 时,其产生裂缝并开始断裂,则这时土条的含水量即为土的塑限含水量,收集 3～5g 滚搓后合格的土条测其含水量。

四、土的颗粒分析试验

1. 试验方法

将土样放在橡皮板上风干,用木碾将粘结的土团充分碾散拌匀,用四分法取代表性土样备用。

将四分法取出的代表性土样称取 100~4000g(土样的粒径越大称取的数量越多)。

将试样过孔径为 2mm 的细筛,分别称出筛上和筛下土的质量。

取 2mm 筛上的试样倒入依次叠好的粗筛(孔径为 60mm、40mm、20mm、10mm 及 5mm)的最上层筛中;取 2mm 筛下的土样倒入依次叠好的细筛(孔径为 2mm、0.5mm、0.25mm 及 0.74mm)的最上层筛中进行筛析。若 2mm 筛下的土不超过试样总质量的 10%。则可省略细筛分折。同样,2mm 筛上的土如不超过试样总质量的 10%,则可省略粗筛分析。筛析时细筛可放在摇筛机上振摇。振摇时间一般为 10~15min。

依次将留在各筛上的土称重。要求各细筛及底盘内土质量总和与原来所取 2m 筛下试样质量之差不得大于 1%,同样各粗筛及 2mm 筛下的土质量和与试样质量之差不得大于 1%。

2. 计算及绘图

接下式计算小于某颗粒直径的土的质量百分数

$$X = \frac{A}{B} P \times 100\%$$

式中　X ——小于某颗粒直径的土质量百分数(%);

　　　A ——小于某颗粒直径的土质量(g);

　　　B ——细筛分析时所取试样质量,粗筛分析时则为试样总质量(g);

P ——粒径小于 2mm 的总土质量百分数,如果土中无小于 2mm 的颗粒分析时取 $P=100\%$。

以小于某粒径的土质量百分数为纵坐标,颗粒直径的对数值为横坐标,绘制颗粒大小级配曲线。本试验记录格式及计算范例如图 9-1 和表 9-2 所示。

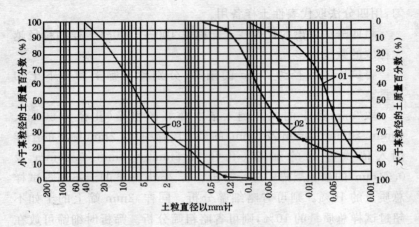

图 9-1　颗粒大小级配曲线

五、土的击实试验方法

1. 土的击实试验方法的类型

土的击实试验分轻型和重型两类,过去习惯称轻型击实为标准击实试验。重型击实与轻型击实相比较,重型击实提高了土的最大干密度,减少了最佳含水量的用水量。无论进行轻型击实还是重型击实,都应根据施工要求进行试验,而不是以粒径来划分。其击实试验方法类型见表 9-3。

表 9-2 颗粒分析试验记录(筛析法)

工程名称＿＿＿＿＿＿＿＿ 委托编号＿＿＿＿＿＿＿＿＿

委托单位＿＿＿＿＿＿＿＿ 试验编号＿＿＿＿＿＿＿＿＿

试样名称＿＿＿＿＿＿＿＿ 试验日期＿＿＿＿＿＿＿＿＿

风干土质量＝3000g   小于 0.1mm 的土总质量百分数＝0.5%

2mm 筛上土质量＝2190g   小于 2mm 的土总质量百分数＝27.0%

2mm 筛下土质量＝810g   细筛分折时所取试样质量＝810g

孔径 (mm)	留筛土质量 (g)	累计留筛土 质量 (g)	小于该孔径 土质量 (g)	小于该孔径 质量百分数 (%)	小于该孔径 总土质量 百分数(%)
40	0	0	3000	100	100
20	345	345	2655	88.4	88.4
10	570	915	2085	69.5	69.5
5	670	1585	1415	47.2	47.2
2	605	2190	810	27.0	27.0
1	215	2405	595	73.5	19.8
0.5	330	2735	265	32.8	8.8
0.25	195	2930	70	8.6	2.3
0.74	55	2985	15	1.9	0.5
筛 底	15	3000	—	—	—

审核人＿＿＿＿＿＿ 计算人＿＿＿＿＿＿ 试验人＿＿＿＿＿＿

表 9-3　击实试验方法的类型

试验方法	类别	锤底直径 (cm)	锤质量 (kg)	落高 (cm)	试筒尺寸			层数	每层击数	击实功 (kJ/m²)	最大粒径 (mm)
					内径 (cm)	高 (cm)	容积 (cm³)				
轻型Ⅰ法	Ⅰ.1	5	2.5	30	10	12.7	997	3	27	598.2	25
	Ⅰ.2	5	2.5	30	15.2	12	2177	3	59	598.2	38
轻型Ⅱ法	Ⅱ.1	5	4.5	45	10	12.7	997	5	27	2687.0	25
	Ⅱ.2	5	4.5	45	15.2	12	2177	3	98	2677.2	38

2. 土的击实试验方法的步骤

(1)试样制备。试样制备分干法和湿法两种，对一般土，干法制样和湿法制样所得击实结果有一定差异，对于具体试验应根据工程性质选择制备方法。

①干法制样:将代表性土样风干或在低于 50℃ 温度下烘干，放在橡皮板上用木碾碾散，过筛(筛号视颗粒大小而定)拌匀备用。

测定土样风干含水量 ω_0，按土的塑限估计最佳含水量，并依次按相差 2%～3% 的含水量制备一组试样(不少于 5 个)，其中有两个大于和两个小于最佳含水量，需加水量 m_ω 可按下式计算:

$$m_\omega = \frac{m_0}{1+0.01\omega} \times 0.01(\omega - \omega_0)$$

式中　　m_0——风干含水量时土样的质量。

按确定含水量制备试样。将称好的 m_0 质量的土平铺于不吸水的平板上，用喷水设备往土上均匀喷洒预定 m_ω 的水量，静置一段时间后，装入塑料袋内静置备用。静置时间对高液限土不得少于 24h，对低液限黏土不得少于 12h。

②湿法制样:对天然含水量的土样过筛(筛孔视粒径大小而定)，并分别风干到所需的几组不同含水量备用。

（2）试样击实。将击实筒放在坚硬的地面上，取制备好的土样按所选击实方法分 3 次或 5 次倒入筒内。每层按规定的击实次数进行击实，要求击完后余土高度不超过试筒顶面 5mm。

用修土刀齐筒顶削平试样，称筒和击实样土重后用推土器推出筒内试样，测定击实试样的含水量和测算击实后土样的湿密度。依次重复上述过程，将所备不同预定含水量的土样击完。

（3）试验结果整理。按下式计算击实后各点的干密度 ρ_d：

$$\rho_d = \frac{\rho}{1 + 0.01\omega}$$

式中　ρ——击实后土的湿密度（g/cm³）；

　　　ω——击实后土的含水量（%）。

以干密度 ρ_d 为纵坐标，含水量 ω 为横坐标，绘制 ρ_d-ω 关系曲线，从曲线上绘出峰值点，其纵、横坐标分别为最大干密度和最佳含水量。

图 9-2 和表 9-4 为击实试验实例。

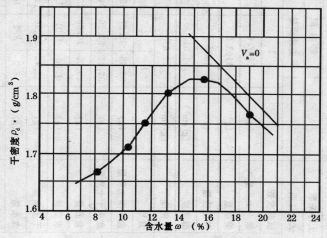

图 9-2　含水量与干密度关系曲线图

最佳含水量＝15.8%　最大干密度＝1.83g/cm³

表 9-4　土的击实试验记录

土样编号				落　距				45cm	
土样来源	筒　号			每层击实数				27	
试验日期	筒 容 积		997cm3	大于38mm颗粒含量					
	击锤质量		45kg						

		试验次数	1	2	3	4	5		
干密度	筒＋土质量 (g)		2907.6	2981.8	3130.9	3206.7	3191.1		
	筒质量 (g)		1103.0	1103.0	1103.0	1103.0	1103.0		
	湿土质量 (g)		1804.6	1878.8	2027.9	2103.7	2088.1		
	湿密度 (g/cm³)		1.81	1.88	2.03	2.11	2.09		
	干密度 (g/cm³)		1.67	1.71	1.80	1.82	1.76		

		盒号	1	2	3	4	5	6	7	8	9	10
含水量	盒＋湿土质量 (g)		33.45	33.27	35.60	35.44	32.88	33.13	34.20	34.09	36.96	38.31
	盒＋干土质量 (g)		32.45	32.26	34.16	34.02	31.40	31.64	32.36	32.15	24.28	35.26
	盒质量 (g)		20.00	20.00	20.00	20.00	20.00	20.00	20.00	20.00	20.00	20.00
	水质量 (g)		1.00	1.01	1.44	1.42	1.48	1.49	1.84	1.94	2.68	2.95
	干土质量 (g)		12.45	12.26	14.16	16.02	11.40	11.64	11.36	12.15	18.8	19.2-
	含水量 (g)		8.0	8.2	10.3	10.1	13.0	12.8	16.2	16.0	18.8	19.2
	平均含水量 (g)		8.1		10.2		13.0		16.1		19.0	

试验者_____　　计算者_____　　校核者_____

252

当土样中大于 38mm 粒径的土含量小于总质量的 30％时,求出试料中粒径大于 38mm 颗粒含量的 P 值。取出大于 38mm 颗粒,仅把小于 38mm 粒径的土做击实试验。按下面公式分别对试验所得的最大干密度和最佳含水量进行校正。

$$\rho'_{dmax} = \frac{1}{\dfrac{(1-0.01\rho)}{\rho_{dmax}} + \dfrac{0.01\rho}{G_{s2}}}$$

$$\omega'_0 = \omega_0(1-0.01P) + 0.01P\omega_2$$

式中　ρ'_{dmax}——校正后的最大干密度(g/cm³);

　　　ρ_{dmax}——粒径小于 38mm 试样击实后的最大干密度(g/cm³);

　　　P——粒径大于 38mm 颗粒的含量(％);

　　　G_{s2}——粒径大于 38mm 颗粒的毛体积比重,计算至 0.01;

　　　ω'_0——校正后的最佳含水量(％);

　　　ω_0——粒径小于 38mm 击实样的最佳含水量(％);

　　　ω_2——粒径大于 38mm 颗粒的吸水量(％)。

六、粗粒土和巨粒土最大干密度试验的方法、步骤及试验结果的计算

(一)粗粒土和巨粒土的最大干密度试验

粗粒土和巨粒土的最大干密度试验可采用振动台法或表面振动压实仪法。前者试验设备及操作较复杂,后者相对比较简单,且更接近于现场振动碾压的实际状况。可根据试验设备拥有情况选择其中之一使用。

(二)试验步骤

1. 振动台法(干土法)

(1)将试样在烘箱内烘至恒量,并用烘干法测定现场试料含水量。充分拌匀烘干试样,即使其颗粒分离程度尽可能小,然后,大

致分成 3 份。测定并记录空试筒质量。

（2）用小铲或漏斗将一份试样徐徐装填入试筒，并注意使颗粒分离程度最小（装填量宜使振毕密实后的试样等于或略低于筒高的 1/3），抹平试样表面。然后用橡皮锤或类似物几次敲击试筒壁，使试料下沉。放置合适的加重底板于试料表面上，轻轻转动几下，使加重底板与试样表面密合一致。卸下加重底板把手。

（3）将试筒固定于振动台面上，套上套筒，并与试筒紧密固定。将合适的加重块置于加重底板上，其上部尽量不与套筒内壁接触。设定振动台在振动频率 50Hz 下的垂直振动，双振幅为 0.5mm；或在振动频率 60Hz 下的垂直振动，双振幅为 0.35mm。振动试筒及试样，在 50Hz 下振动 10min；在 60Hz 下振动 8min。振毕卸去加重块及加重底板。

（4）按上述（2）、（3）步骤进行第二层、第三层试样振动压实。但第三层振毕加重底板不再立即卸去。卸去套筒，检查加重底扳是否与试样表面密合一致。

（5）将百分表架支杆插入每个试管导向瓦套孔中，刷净试筒顶沿面上及加重底板上位于试筒导向瓦两侧测量位置所积落的细粒土，并尽量避免将这些细粒土刷进试筒内。然后分别测读并记录试筒导向瓦每侧试筒顶沿面（中心线处）各三个百分表读数，共计 12 个读数（其平均值即为百分表初始读数 R_i）；再从加重底板上测读并记录出相应读数（其平均值即为终了百分表读书 R_f）。

（6）卸去加重底板，从振动台面上卸下试筒。此过程尽可能避免加重底板上及试筒沿面上落积的细粒土进入试筒里，如这些细粒土质量超过试件总质量的 0.2%，应测定其质量并注明于报告中。在台秤上测定并记录试筒及试样总质量，扣除空试筒质量即为试样质量（也可仔细地将试筒里全部试样倒入已知质量的盘中称量）。

（7）重复上述（1）～（6）步骤，直至获得一致的最大干密度值

254

（最好在 2%以内）。

（8）最大干密度按下式计算：

$$\rho_{dmax} = \frac{M_d}{V}$$

式中　ρ_{dmax}——最大干密度（kg/cm³）；

M_d——干试样质量（kg）；

V——振毕密实试样体积（cm³）；

$$V = (V_c - 0.1A\Delta H) \times 10^{-6}$$

式中　V_c——标定的试筒体积（cm³）；

A——标定的试筒横截面积（cm²）；

$\Delta H = (R_i - R_f) + T_p$（顺时针读数百分表）$= (R_f - R_i) + T_p$（逆时针读数百分表）；

R_i——初始百分表读数，0.01mm；

R_f——振毕后加重底板上相对位置百分表终读数的均值，0.01mm；

T_p——加重底板厚度（mm）。

2. 表面振动压实仪法（干土法）

（1）制备试样。与上述［振动台法（1）条］相同。

（2）装填试样。与上述［振动台法（2）条］相同。

（3）将试筒固定于底板上，装上套筒并与试筒紧密固定。放下振动器，振动 6min。吊起振动器。

（4）按本试验（1）、（2）、（3）条进行第二层，第三层试样振动压实。

（5）卸去套筒。将直钢条放于试筒直径位置上，测定振毕试样高度。读数宜从四个均布于试样表面至少距筒壁 15mm 的位置上测得并精确到 0.5mm，记录并计算试样高度 H。

（6）卸下试筒，测定并记录试筒与试样质量。扣除试筒质量即为试样质量。按公式计算最大干密度 ρ_{dmax}。

(7)重复上述(1)～(6)步骤,直至获得一致的最大干密度。注意不得重复振动压实单个试样。

(8)最大干密度按下式计算:

$$\rho_{dmax} = \frac{M_d}{V}$$

式中　ρ_{dmax}——最大干密度(kg/cm³);

　　　M_d——干试样质量(kg);

　　　V——振毕密实试样体积(cm³);

$$V = 0.1AH \times 10^{-6}$$

式中　A——标定的试筒横截面积(cm²);

　　　H——振毕密实试样高度(mm)。

3.最大干密度试验的精度及允许差

最大干密度试验的精度及允许差见表9-5。试验结果取三位有效数字。

表9-5　最大干密度试验结果精度及允许差

试样粒径	标准差 S (kg/m³)	两个试验结果的允许范围 [以平均值百分数(%)表示]
<5mm	±13	2.7
5～60mm	±22	4.1

第二节　路面基层材料试验

一、路面基层材料试验依据的标准

路面基层材料试验依据的标准主要是《公路工程无机结合料

稳定材料试验规程》(JTGE 51—2009)。

二、无机结合料稳定料的概念

无机结合料稳定料(俗称半刚性基层)分为水泥稳定类和石灰稳定类(综合稳定类和工业废渣稳定类主要是石灰粉煤灰稳定类),包括水泥稳定土、石灰稳定土、水泥石灰综合稳定土、石灰粉煤灰稳定土、水泥粉煤灰稳定土及水泥石灰粉煤灰稳定土等。其中土为基层材料的骨架,水泥和石灰属于基层材料的胶凝物质。由于胶凝的机理不同,水泥属于水硬性胶凝材料,而石灰属于气硬性胶凝材料。无机结合料稳定料由于胶凝性质的不同和材料配比的多变性原因,其工程性质千差万别,相应的试验检测方法也较复杂。

三、水泥或石灰剂量的测定方法(EDTA 法)

1. 准备标准曲线

(1)取样。取工地用石灰和集料,风干后分别通过 2.0mm 或 2.5mm 筛子,用烘干法或酒精燃烧法测其含水量(如为水泥可假定其含水量为 0)。

(2)混合料组成的计算。

1)公式:干料质量=湿料/(1+含水量)。

2)计算步骤:

①干混合料质量=300g/(1+最佳含水量)。

②干土质量=干混合料质量/[1+石灰(或水泥)剂量]。

③干石灰(或水泥)质量=干混合料质量-干土质量。

④湿土质量=干土质量×(1+土的风干含水量)。

⑤湿石灰质量=干石灰质量×(1+石灰的风干含水量)。

⑥石灰土中应加的水质量=300g-湿土质量-湿石灰质量。

3)准备 5 种试样,每种两个样品(以水泥集料为例)。

①第 1 种:称两份 300g 集料(如为细粒土,则每份的质量可以

257

减为 100g)分别放在两个搪瓷杯内,集料的含水量应等于工地预期达到的最佳含水量。集料中所加的水应与工地所用的水相同(300g 为湿集料质量)。

②第 2 种:准备两份水泥剂量为 2% 的水泥土混合料试样,每份均重 300g,并分别放在两个搪瓷杯内,水泥土混合料的含水量应等于工地预期达到的最佳含水量。混合料中所加的水应与工地所用的水相同。

③第 3 种、第 4 种和第 5 种:各准备水泥剂量为 4%、6%、8%(在此,准备标准曲线的水泥剂量为:0%、2%、4%、6%、8%,实际工作中,应使工地实际所用水泥或石灰剂量位于准备标准曲线时所用剂量的中间)的水泥土混合料试样,每份均重 300g,并分别放在 6 个搪瓷杯内,其他要求同第 1 种。

4)取一个盛有试样的搪瓷杯,在杯中加 600mL、10% 的 NH_4Cl 溶液(当仅用 100g 混合料时,只需 200mL、10%NH_4Cl 溶液),用不锈钢搅拌捧充分搅 3min,110~120 次/min,如水泥(或石灰)土混合料中的土是细粒土,则也可以用 1000mL 具塞三角瓶代替搪瓷杯,手握三角瓶(瓶口向上)用力振荡 3min,(120±5)次/min,以代替搅拌棒搅拌。放置沉淀 4min[如 4min 后得到的是混浊悬浮液,列应增加放置沉淀时间,直到出现澄清悬浮液为止,记录所需时间,以后所有该种水泥(或石灰)土混合料的试验,均应以同一时间为准],然后将上部清液移到 300mL 烧杯内拌匀,盖表面皿待测。

5)用移液管吸取上层(液面 1~2cm)10.0mL 悬浮液放入 200mL 三角瓶中,用量筒量取 50mL、1.8% NaOH(内含三乙醇胺)溶液倒入三角瓶中,此时溶液 pH 值为 12.5~13.0(可用 pH 为 12~14 精密试纸检验),然后加入钙红指示剂(体积约为黄豆大小),摇匀,溶液呈玫瑰色,用 EDTA 二钠标准溶液滴定到纯蓝色为终点,记录 EDTA 二钠的耗量(以 mL 计,读至 0.1mL)。

6)对其他搪瓷杯中的试样,用同样的方法进行试验,记录ED-TA二钠的耗量。

7)以同一水泥(或石灰)剂量混合料消耗EDTA二钠毫升数的平均值为纵坐标,以水泥(或石灰)剂量为横坐标制图。两者的关系应是一条顺滑的曲线,如图9-3所示。如素集料或水泥(或石灰)改变,必须重做标准曲线。

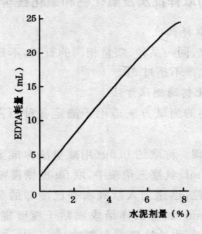

图9-3　标准曲线

2. 试验步骤

(1)称取代表性的水泥或石灰土混合料,称300g放在搪瓷杯中,加600mL、10%NH₄Cl溶液,然后如前述步骤那样进行试验。

(2)利用绘制的标准曲线,根据所消耗的EDTA二钠的毫升数,确定混合料中的水泥(或石灰)剂量。

(3)试验应注意的事项。

①每个样品搅拌的时间、速度和方式应力求相同,以增加试验的精度。

②标准曲线时,如工地实际水泥(或石灰)剂量较大,素集料

和低剂量水泥（或石灰）的试样可以不做，而直接用较大的剂量做试验，但应有两种剂量大于实际剂量，同时有两种剂量小于实际剂量。

③配置的氯化铵溶液最好当天用完，不要放置过久，以免影响试验的精度。

四、石灰的取样批次及氧化钙和氧化镁含量的试验方法

1. 石灰的取样批次

以同一厂家、同一品种、质量相同的石灰，不超过 100t 为一批且同一批连续生产不超过 5d。

2. 有效氧化钙的测试方法

有效氧化钙的测试方法适用于测定各种石灰的有效氧化钙含量。

（1）试验步骤。称取约 0.5g（用减量法称准至 0.0005g）试样放入干燥的 250mL 具塞三角瓶中，取 5g 蔗糖覆盖在试样表面，投入干玻璃珠 15 粒，迅速加入新煮沸并已冷却的蒸馏水 50mL，立即加塞振荡 15min（如有试样结块或粘于瓶壁现象，则应重新取样）。打开瓶塞，用水冲洗瓶塞及瓶壁，加入 2～3 滴酚酞指示剂，以 0.5N 盐酸标准溶液滴定（滴定速度以每秒 2～3 滴为宜），至溶液的粉红色显著消失并在 30s 内不再复现即为终点。

（2）结果计算。有效氧化钙的百分含量（X_1）按下式计算：

$$X_1 = (V \times N \times 0.028/G) \times 100\%$$

式中　V ——滴定时消耗盐酸标准溶液的体积（mL）；

　0.028——氧化钙毫克当量；

　　G ——试样质量（g）；

　　N ——盐酸标准溶液当量浓度。

（3）试验结果评定。对同一石灰样品至少应做两个试样和进行两次测定，并取两次结果的平均值代表最终结果。

3. 氧化镁的测试方法

氧化镁的测试方法适用于测定各种石灰的总氧化镁含量。

(1)试验步骤。称取约 0.5g(准确至 0.0005g)试样,放入 250mL 烧杯中,用水湿润,加 30mL、1:10 盐酸,用表面皿盖住烧杯,加热近沸并保持微沸 8～10min。用水把表面皿洗净,冷却后把烧杯中的沉淀及溶液移入 250mL 容量瓶中,加水至刻度摇匀。待溶液沉淀后,用移液管吸取 25mL 溶液,放入 250mL 三角瓶中,加 50mL 水稀释后,加酒石酸钾钠溶液 1mL、三乙醇胺溶液 5mL,再加入铵－铵缓冲溶液 10mL、酸性珞蓝 K-萘酚绿 B 指示剂约 0.1g。用 EDTA 二钠标准溶液滴定至溶液由酒红色变为纯蓝色时即为终点,记下耗用 EDTA 二钠标准溶液的体积 V_1。

再用同一容量瓶中用移液管吸取 25mL 溶液,置于 300mL 三角瓶中,加 150mL 水稀释后,加三乙醇胺溶液 5mL 及 20%NaOH 溶液 5mL,放入约 0.1g 钙指示剂。用 EDTA 二钠标准溶液滴定,至溶液由酒红色变为纯蓝色时即为终点,记下耗用 EDTA 二钠标准溶液体积 V_2。

(2)试验结果计算。有效氧化镁的百分含量(X_2)按下式计算:

$$X_2 = \frac{T_{Mgo}(V_1 - V_2) \times 10}{G \times 10000}$$

式中　T_{Mgo}——EDTA 二钠标准溶液对氧化镁的滴定度;

V_1——滴定钙、镁含量消耗 EDTA 二钠标准溶液的体积 (mL);

V_2——滴定钙消耗 EDTA 二钠标准溶液的体积(mL);

10——总溶液对分取溶液的体积倍数;

G——试样质量(g)。

(3)试验结果评定。对同一石灰样品至少应做两个试样和进行两次测定,并取两次结果的平均值代表最终结果。

4. 有效氧化钙和氧化镁含量的简易测试方法

有效氧化钙和氧化镁含量的简易测试方法适用于测定氧化镁含量在 5% 以下的低镁石灰。

(1)试验步骤。称取 0.8～1.0g(准确至 0.0005g)试样放入干燥的 300mL 三角瓶中,加入新煮沸并已冷却的蒸馏水 150mL 和玻璃珠 10 粒,瓶口上插一短颈漏斗,加热 5min,但勿使沸腾,迅速冷却。滴入酚酞指示剂 2 滴,在不断摇动下以盐酸标准溶液滴定,控制速度为每秒 2～3 滴,至粉红色完全消失,稍停,又出现红色,继续滴入盐酸。如此重复几次,直至 5min 内不出现红色为止。如滴定过程持续半小时以上,则结果只作为参考。

(2)试验结果计算。

$$(CaO + MgO)\% = (V \times N \times 0.028/G) \times 100\%$$

式中　V——滴定时消耗盐酸标准溶液的体积(mL);

　　　0.028——氧化钙毫克当量;

　　　G——试样质量(g);

　　　N——盐酸标准溶液当量浓度,因氧化镁含量甚少,并且两者之间毫克当量相差不大,故有效$(CaO + MgO)\%$的毫克当量都以 CaO 的毫克当量计算。

(3)试验结果评定。对同一石灰样品至少应做两个试样和进行两次测定,并取两次结果的平均值代表最终结果。

五、无侧限抗压强度试验的取样批次及试验方法

1. 无侧限抗压强度试验的取样批次

工地作业段每 2000m² 取一点。

2. 无侧限抗压强度试验的目的和适用范围

该试验方法适用于测定无机结合料稳定土(包括稳定细粒土、中粒土和粗粒土)试件的无侧限抗压强度。其试验方法包括:按照预定干密度用静力压实法制备试件以及用锤击法制备试件。试件

都是高：直径＝1：1的圆柱体。应该尽可能用静力压实法制备干密度试件。

其他稳定材料或综合稳定土的抗压强度试验应参照此方法。

室内配合比设计试验和现场检测两者在试料制备上是不同的，前者根据设计配合比称取试料并拌和，按要求制备试件；后者则在工地现场取拌和的混合料作试件，并按要求制备试件。

3. 无侧限抗压强度试验方法

(1)试验准备。将具有代表性的风干试料(必要时，也可以在50℃烘箱内烘干)，用木槌和木碾捣碎，但应避免破碎粒料的原粒径。将土过筛并进行分类。如试料为粗粒土，则除去大于40mm的颗粒备用；如试料为中粒土，则除去大于25mm或20mm的颗粒备用；如试料为细粒土，则除去大于10mm的颗粒备用。

在预定做试验的前一天，取有代表佳的试料测定其风干含水量。对于细粒土，试样应不少于100g；对于粒径小于25mm的中粒土，试样质量应不少于1000g；对于粒径小于40mm的粗粒土，试样的质量应不少于2000g。

(2)确定无机结合料混合料的最佳含水量和最大干密度。

(3)制作试件。

1)对于同一无机结合料剂量的混合料，需要制作相同状态的试件数量(即平行试验的数量)与土类及操作的仔细程度有关，对于无机结合料稳定细粒土，至少应该制6个试件；对于无机结合料稳定中粒土和粗粒土，至少分别应该制9个和18个试件。

2)称取一定数量的风干土并计算干土的质量，其数量随试件大小而变。对于50mm×50mm的试件，1个试件需干土180～210g；对于100mm×100mm的试件，1个试件需干土1700～1900g；对于150mm×150mm的试件，1个试件需干土5700～6000g。

对于细粒土，可以一次称取6个试件的土；对于中粒土，可以一次称取 3 个试件的土;对于粗粒土,一次只称取一个试件的土。

3)将称好的土放在长方盘(约 400mm×600mm×70mm)内。向土中加水,对于细粒土(特别是黏性土)使其含水量较最佳含水量小 3%,对于中粒土和粗粒土可按最佳含水量加水。将土和水拌和均匀后放在密闭容器内浸润备用。如为石灰稳定土和水泥、石灰综合稳定土,可将石灰和土一起拌匀后进行浸润。

浸润时间:黏性土 12~24h,粉性土6~8h,砂性土、沙砾土、红土沙砾、级配砂砾等可以缩短到 4h 左右;含土很少的未筛分碎石、沙砾及砂可以缩短到 2h。

4)在浸润过的试料中,加入预定数量的水泥或石灰并拌和均匀。在拌和过程中,应将预留的 3%的水(对于细粒土)加入土中,使混合料的含水量达到最佳含水量。拌和均匀的加有水泥的混合料应在 1h 内按下述方法制成试件,超过 1h 的混合料应该作废。其他结合料稳定土,混合料虽不受此限,但也应尽快制成试件。

5)按预定的干密度制件。

①用反力框架和液压重千斤顶制件。制备一个预定干密度的试件,需要的稳定土混合料数量 m_1(g)随试模的尺寸而变。

$$m_1 = \rho_d V(1 + 0.01\omega)$$

式中　　V——试模的体积(cm^3);

ω——稳定土混合料的含水量(%);

ρ_d——稳定土试件的干密度(g/cm^3)。

试件的干密度=压实度×最大干密度

将试模的下压柱放入试模的下部,但外露 2cm 左右。将称量的规定数量 m_1(g)的稳定土混合料分 2~3 次灌入试模中(利用漏斗),每次灌入后用夯棒轻轻均匀插实。如制作的是 50mm×50mm 的小试件,则可以将混合料一次倒入试模中。然后将上压柱放入试模内。应使其也外露 2cm 左右(即上下压柱露出试模外的部分应该相等)。

将整个试模(连同上下压柱)放到反力框架内的千斤顶上(千斤顶下应放一扁球座),加压直到上下压柱都压入试模为止。维持压力 1min。解除压力后,取下试模,拿去上压柱,并放到脱模器上将试件顶出(利用千斤顶和下压柱)。称试件的质量 m_2,小试件精确到 1g,中试件精确到 2g,大试件精确到 5g。然后用游标卡尺量试件的高度 h,准确到 0.1mm。

②用击锤制件,步骤同上。只是用击锤(可以利用做击实试验的锤,但压柱顶面需要垫一块牛皮或胶皮,以保护锤面和压柱顶面不受损伤)将上下压柱打入试模内。

(4)试件养生。试件从试模内脱出并称量后,应立即放到密封湿气箱和恒温室内进行保温保湿养生。但中试件和大试件应先用塑料薄膜包覆。有条件时,可采用蜡封保湿养生。养生时间视需要而定,作为工地控制,通常都取 7d。整个养生期间的温度,在北方地区应保持(20±2)℃,在南方地区应保持(25±2)℃。

养生期的最后一天,应该将试件浸泡在水中,水的深度应使水面在试件顶上约 2.5cm。在浸泡水中之前,应再次称试件的质量 m_3。

在养生期间,试件质量的损失应该符合下列规定:小试件不超过 1g,中试件不超过 4g,大试件不超过 10g。质量损失超过此规定的试件,应该作废。

(5)试验步骤。

①将已浸水一昼夜的试件从水中取出,用软的旧布吸去试件表面的可见自由水,并称试件的质量 m_4。

②用游标卡尺量试件的高度 h_1,精确到 0.1mm。

③将试件放到路面材料强度试验仪的升降台上(台上先放一扁球座),进行抗压试验。试验过程中,应使试件的形变等速增加,并保持速率约为 1mm/min。记录试件破坏时的最大压力

$P(N)$。

④从试件内部取有代表性的样品（经过打破）测定其含水量 ω_1。

(6)结果计算。试件的无侧限抗压 R_c 用下列相应的公式计算：

①对于小试件：$R_c = \dfrac{P}{A} = 0.00051P(MPa)$。

②对于中试件：$R_c = \dfrac{P}{A} = 0.000127P(MPa)$。

③对于大试件：$R_c = \dfrac{P}{A} = 0.000057P(MPa)$。

以上三式中　P ——试件破坏时的最大压力（N）；

　　　　　　　A ——试件的截面积（mm²）。

(7)试验的精度或允许误差。若干次平行试验的偏差系数 α（%）应符合下列规定：

小试件　　　　　　不大于 10%

中试件　　　　　　不大于 15%

大试件　　　　　　不大于 20%

试验结果小于 2.0MPa 时，采用两位小数，并用偶数表示；大于 2.0MPa 时，采用 1 位小数。

六、无机结合稳定土的击实试验方法

1. 击实试验方法类别

击实试验方法类别见表 9-6。

将具有代表性的风干试料（必要时，也可以在 50℃烘箱内烘干），用木槌和木碾捣碎。土团均应捣碎到能通过 25mm 的筛孔。但应注意不使单个颗粒破碎或不使其破碎程度超过施工中机械的破碎率。

如试料是细粒土，将已捣碎的具有代表性的土过 5mm 的筛备用(用甲法或乙法做试验)。

表 9-6 击实试验方法类别

试验类别	锤质量(kg)	锤底直径(cm)	落高(cm)	试筒尺寸			层数	每层击数	击实功(kJ/m²)	最大粒径(mm)
				内径(cm)	高(cm)	容积(cm³)				
甲	4.5	5.0	45	10.0	12.7	997	5	27	2687.0	25
乙	4.5	5.0	45	15.2	12.0	2177	5	59	2687.0	25
丙	4.5	5.0	45	15.2	12.0	2177	3	98	2687.0	40

如试料中含有粒径大于 5mm 的颗粒,则先将试料过 25mm 的筛,如存留在筛孔 25mm 筛上的颗粒的含量不超过 20%,则过筛料留做备用(用甲法或乙法做试验)。

如试料中含有粒径大于 25mm 的颗粒含量过多,则将试料过 40mm 的筛备用(用丙法试验)。

每次筛分后,均应记录超尺寸颗粒的百分率。

在预定做击实试验的前一天,取有代表性的试料测定其风干含水量。对于细粒土,试样应不少于 100g;对于中粒土(粒径小于 25mm 的各种集料),试样应不少于 1000g;对于粗粒土的各种集料,试样的质量应不少于 2000g。

2. 试验方法

(1)甲法。

①已筛分的试样用四分法逐次分小,至最后取出 10～15kg 试料。再用四分法将已取出的试料分成 5～6 份,每份试料的干质量为 2.0kg(对于细粒土)或 2.5kg(对于各种中粒土)。

②预定 5～6 个不同含水量,依次相差 1%～2%(对于中粒土,在最佳含水量附近取 1%,其余取 2%。对于细粒土,取 2%。但对于黏土,特别是重黏土,可能需要取 3%),且其中至少有两个大于和小于最佳含水量。对于细粒土,可参照其塑限估计素土的

最佳含水量。一般其最佳含水量较塑限小 3%～10%,对于砂性土接近 3%,对于黏性土接近 6%～10%。天然沙砾土,级配集料等的最佳含水量与集料中的细土的含量和塑性指数有关,一般变化为 5%～12%。对于细土偏多的、塑性指数较大的沙砾土,其最佳含水量在 10%左右。水泥稳定土的最佳含水量与素土的接近,石灰稳定土的最佳含水量可能较素土大 1%～3%。

③按预定含水量制备试样。将 1 份试料平铺于金属盘内,将事先计算的该份试样中应加的水量均匀地喷洒在试料上,用小铲将试料拌和均匀状态(如为石灰稳定土和水泥、石灰综合稳定土,可将石灰和试料一起拌匀),放在密闭容器内或塑料口袋内浸润备用。

浸润时间:黏性土 12～24h,粉性土 6～8h,砂性土、沙砾土、红土砂砾、级配砂砾等可以缩短到 4h 左右;含土很少的未筛分碎石、沙砾及砂可以缩短到 2h。

所需加水量按下式计算:

$$Q_w = \left[\frac{Q_n}{(1+0.01\omega_n)} + \frac{Q_c}{(1+0.01\omega_c)} \right] \times 0.01\omega -$$
$$\frac{Q_n}{(1+0.01\omega_n)} \times 0.01\omega_n - \frac{Q_c}{(1+0.01\omega_c)} \times 0.01\omega_c$$

式中　Q_w——混合料中应加的水量(g);

　　　Q_n——混合料中素土(或集料)的质量(g),其原始含水量为 ω_n,即风干含水量(%);

　　　Q_c——混合料中水泥、石灰的质量(g),其原始含水量为 ω_c;

　　　ω——要求达到的混合料的含水量(%)。

④将所需要的稳定剂水泥加到浸润后的试料中,用小铲、泥刀或其他工具充分拌和到均匀状态。加有水泥的试样拌和后,应在 1h 内完成下述击实试验,拌和后超过 1h 的试样,应予作废(石灰稳定土、石灰粉煤灰除外)。

⑤试筒套环与击实底板应紧密联结。将击实筒放在坚硬的地面上,取制备好的试样(仍用四分法)400～500g(其量应使击实后的土样等于或略高于筒高的1/5)倒入筒内,整平其表面并稍加压紧。然后按规定的击数进行第一层土的击实。击实时击锤应自由垂直落下,落高应为45cm,锤迹必须均匀分布于土样面。第一层击实完后,检查该层高度,以便调整以后几层的试样用量。用刮土刀或螺钉旋具将已击实试样层面"拉毛",重复上述做法,进行其余四层试样的击实。最后一层试样击实后,试样超出试筒顶面的高度不得大于6mm,超出高度过大的试件应该作废。

⑥用刮土刀沿套筒内壁削刮,(使试样与套筒旺离)后,扭动并取下套环齐筒顶细心削平试样,并拆除底板。如试样底面略突出筒外或有孔洞,则应细心舀平或修补。最后用工字形刮平尺齐筒顶和筒底将试样刮平。擦净筒的外壁,称其质量并准确至5g。

⑦用脱模器推出筒内试样。从试样内部从上到下取两个有代表性的样品(可将脱出试件用锤打碎后,用四分法采取),测定其含水量,计算至1%。两个试样的含水量的差值不得大于1%。所取样品的数量见表9-7(如只取一个样品测定含水量,则样品的质量应为表列数值的两倍)。

表 9-7　测稳定土含水量的样品数量

最大粒径(mm)	样品质量(g)
2	约 50
5	约 100
25	约 500

烘箱的温度应事先调整到110℃左右,以使放入的试样能立即在105～110℃的温度下烘干。

⑧按上述"甲法"第③～⑧条的步骤进行其余含水量下稳定土

的击实和测定工作。凡已用过的试样,一律不再重复使用。

(2)乙法。在缺乏内径 100mm 的试筒时,以及在需要与承载比等试验结合起来进行时,可采用"乙法"进行击实试验。"乙法"更适宜于粒径达 25mm 的集料。

①将已过筛的试料用四分法逐次分小,至最后取出约 30kg 试料。再用四分法将取出的试料分成 5～6 份,每份试料的干重约为 4.4kg(细粒土)或 5.5kg(中粒土)。

②以下各部骤的做法与"甲法"第②～⑧条相同,但应该先将垫块放入筒内底板上,然后加料并击实。所不同的是,每层需取制备好的试样约 900g(对于水泥或石灰稳定细粒土)或 1100g(对于稳定中粒土),每层的锤击次数为 59 次。

(3)丙法。

①将已过筛的试料用四分法逐次分小,至最后取出约 33kg 试料。在用四分法将取出的试料分成 6 份(至少要 5 份),每份试料的干重约为 5.5kg(风干质量)。

②预定 5～6 个不同含水量,依次相差 1%～2%,在预估的最佳含水量左右可差 1%,其余差 2%。

③同"甲法"第③条。

④同"甲法"第④条。

⑤将试筒、套环与击实底板应紧密联结在一起,将垫块放入筒内底板上,将击实筒放在坚硬(最好是水泥混凝土)的地面上,取制备好的试样 1.8kg[其量应使击实后的土样等于或略高于 (1～2mm)筒高的 1/3]倒入筒内,整平其表面并稍加压紧。然后按规定的击数进行第一层土的击实(共计 98 次)。击实时击锤应自由垂直落下,落高应为 45cm,锤迹必须均匀分布于土样面。第一层击实完后,检查该层高度是否合适,以便调整以后两层的试样用量。用刮土刀或螺钉旋具将已击实试样层面"拉毛",重复上述做法,进行其余两层试样的击实。最后一层试样击实后,试样超出试

筒顶面的高度不得大于 6mm，超出高度过大的试件应该作废。

⑥刮土刀沿套筒内壁削刮，(使试样与套筒脱离)后，扭动并取下套环齐筒顶细心削平试样，并拆除底板取走垫块。擦净筒的外壁，称其质量并准确至 5g。

⑦脱模器推出筒内试样。从试样内部从上到下取两个有代表性的样品(可将脱除试件用锤打碎后，用四分法采取)，测定其含水量，计算至 1%。两个试样的含水量的差值不得大于 1%。所取样品的数量不少于 700g，如只取一个样品测定含水量，则样品的质量应为 1400g。烘箱的温度应事先调整到 110℃左右，以使放入的试样能立即烘干。

⑧按上述"丙法"③～⑦条的步骤进行其余含水量下稳定土的击实和测定工作。凡已用过的试样，一律不再重复使用。

3. 结果计算

(1)按下式计算每次击实后稳定土的湿密度。

$$\rho_w = \frac{Q_1 - Q_2}{V}$$

式中　ρ_w——稳定土的湿密度(g/cm³)；

Q_1——试筒与湿试样的合质量(g)；

Q_2——试筒的质量(g)；

V——试筒的容积(cm³)。

(2)按下式计算每次击实后稳定土的干密度。

$$\rho_d = \frac{\rho_w}{1 + 0.01\omega}$$

式中　ρ_d——试样的干密度(g/cm³)；

ω——试样的含水量(%)。

(3)以干密度为纵坐标，以含水量为横坐标，在普通直角坐标纸上绘制干密度与含水量的关系曲线，驼峰形曲线顶点的纵横坐标分别为稳定土的最大干密度和最佳含水量。最大干密度用两位小数表示。如最佳含水量的值在12%以上,则用整数表示(即精确到1%);如最佳含水量的值为6%~12%,则用一位小数"0"或"5"表示(即精确到0.5%);如最佳含水量的值小于6%,则取一位小数,并用偶数表示(即精确到0.2%)。

如试验点不足以连接成完整的驼峰曲线,则应该进行补充试验。

(4)超尺寸颗粒的校正。当试样中大于规定最大粒径的超尺寸颗粒的含量为5%~30%时,按下面公式分别对试验所得的最大干密度和最佳含水量进行校正(超尺寸颗粒的含量小于5%时,可以不进行校正)。

$$\rho'_{dmax} = \rho_{dmax}(1 - 0.01P) + 0.9 \times 0.01PG_{s2}$$
$$\omega'_0 = \omega_0(1 - 0.01P) + 0.01P\omega_2$$

式中　ρ'_{dmax}——校正后的最大干密度(g/cm³);

　　　ρ_{dmax}——试验所得的最大干密度(g/cm³);

　　　P——试样中超尺寸颗粒的百分率(%);

　　　G_{s2}——超尺寸颗粒的毛体积相对密度;

　　　ω'_0——校正后的最佳含水量(%);

　　　ω_0——试验所得的最佳含水量(%);

　　　ω_2——超尺寸颗粒的吸水量(%)。

当试样软化点等于或大于80℃时,重复性试验精度的允许差为2℃,复现性试验精度的允许差为8℃。

第三节　沥青混合料试验

一、沥青混合料试验依据的标准、规范和规程

(1)《公路工程沥青及混合料试验规程》(JTJ 052—2000)

(2)《沥青路面施工及验收规范》(GB 50092—1996)

(3)《公路沥青路面施工技术规范》(JTGF 40—2004)

二、沥青混合料试验的取样数量及取样方法

(1)沥青混合料试验的取样数量(表 9-8)。

表 9-8 常用沥青混合料试验项目的样品数量

试验项目	目 的	最少试样量 (kg)	取样量 (kg)
马歇尔试验、提抽筛分	施工质量检验	12	20
车辙试验	高温稳定性检验	40	60
浸水马歇尔试验	水稳定性检验	12	20
冻融劈裂试验	水稳定性检验	12	20
弯曲试验	低温性能检验	15	25

(2)沥青混合料试验的取样方法。

①在沥青混合料拌和厂取样:在拌和厂取样时,宜用专用的容器(一次可装 5～8kg)装在拌和机卸料斗下方,每放一次料取一次样,顺次装入试样容器中,每次倒在清扫干净的平板上,连续几次取样,混合均匀,按四分法取样至足够数量。

②在沥青混合料运料车上取样:在运料车上取沥青混合料样品时,宜在汽车装料一半后开出去在汽车车厢内,分别用铁锹从不同方向的 3 个不同高度处取样,然后混合在一起用手铲适当拌合均匀,取出规定数量。这种车到达施工现场后取样时,应在卸掉一半后将车开出去从不同方向的 3 个不同高度处取样。宜从 3 辆不同的车上取样混合使用。应注意的是:在运料车上取样时不得仅从满载的运料车顶上取样,且不允许只在一辆车上取样。

③在道路施工现场取样:在道路施工现场取样时,应在摊铺后未碾压前在推铺宽度的两侧 1/2～1/3 位置处取样,用铁锹将摊铺

层的全厚铲除,但不得将摊铺层下的其他层料铲入。每摊铺一车料取一次样,连续 3 车取样后,混合均匀按四分法取样至足够数量。对现场制件的细粒式沥青混合料,也可在摊铺机经螺旋拨料杆拌匀的一端一边前进一边取样。

④对热拌沥青混合料每次取样时,都必须用温度计测量温度,精确至 1℃。

⑤乳化沥青常温混合料试样的取样方法与热拌沥青混合料相相同,但宜在乳化沥青破乳水分蒸发后装袋,对袋装常温沥青混合料,亦可直接从贮存的混合料中随机取样。取样袋数不少于 3 袋,使用时将 3 代混合料倒出做适当拌和,按四分法取出规定数量试样。

⑥液体沥青常温沥青混合料的取样方法同上,当用汽油稀释时,必须在溶剂挥发后方可封袋保存。但用煤油或柴油稀释时,可在取样后即装袋保存,保存时应特别注意防火安全。其余与热拌沥青混合料相同。

⑦从碾压成型的路面上取样时,应随机选取 3 个以上不同地点,钻孔、切割或刨取混合料至全厚度,仔细清除杂物不属于这一层的混合料,需重新制作试件时,应加热拌匀按四分法取样至足够数量。

三、沥青混合料常规试验项目、组批原则、取样数量及试验方法和结果计算

1. 沥青混合料常规试验项目

①马歇尔稳定度。

②流值。

③油石比。

④矿料级配。

⑤密度。

2. 沥青混合料组批原则及取样数量

每 2000m² 取一点,进行上述试验。

3. 制作试件

马歇尔标准击实法的成型步骤如下:

①将好的沥青混合料,均匀称取一个试件所需的用量(标准马歇尔试件约 1200g,大型马歇尔试件约如 4050g)。当已知沥青混合料的密度时,可根据试件的标准尺寸计算并乘以 1.03 得到要求的混合料数量。当一次拌和几个试件时,宜将其倒入经预热的金属盘中,用小铲适当拌和均匀分成几份,分别取用。在试件制作过程中,为防止混合料温度下降,应连盘放在烘箱中保温。

②从烘箱中取出预热的试模及套筒,用蘸有少许凡士林的棉纱擦拭套筒、底座及击实锤底面,将试模装在底座上,垫一张圆形的吸油性小的纸,按四分法从四个方向用小铲将混合料铲入试模中,用插刀或大螺钉旋具沿周边插捣 15 次,中间 10 次。插捣后将沥青混合料表面整平成凸圆弧面。对大型马歇尔试件,混合料分两次加入,每次插捣次数同上。

③插入温度计,至混合料中心附近,检查混合料温度。

④待混合料温度符合要求的压实温度后,将试模连同底座一起放在击实台上固定,在装好的混合料上面垫一张吸油性小的圆纸,再将装有击实锤及导向棒的压实头插入试模中,然后开启电动机或人工将击实锤从 457mm 的高度自由落下,击实规定的次数(75 次、50 次或 35 次)。对大型马歇尔试件,击实次效为 75 次(相应于标准击实 50 次的情况)或 112 次(相应于标准击实 75 次的情况)。

⑤试件击实一面后,取下套筒,将试模掉头,套上套筒,然后以同样的方法和次数击实另一面。

乳化沥青混合料试件在两面击实后,将一组试件在室温下横向放置 24h,另一组试件置温度为(105±5)℃的烘箱中养生 24h。

将养生试件取出后,再立即两面锤击各 25 次。

⑥试件击实结束后,立即用镊子去掉上下面的纸,用卡尺量取试件离试模上口的高度并由此计算试件的高度,如高度不符合要求时,试件应作废,并按下式调整试件的混合料质量,以保证高度符合(63.5±1.3)mm(标准试件)或(93.5±2.5)mm(大型试件)要求。

$$调整后的混合料质量 = \frac{要求试件高度 \times 原用混合料质量}{所对试件的高度}$$

⑦卸去套筒和底座,将装有试件的试模横向放置冷却至室温后(不少于 12h),置脱模机上脱出试件。马歇尔指标检验的试件在施工质量检验过程中如急需试验,允许采用电风扇吹冷 1h 或浸水冷却 3min 以上的方法脱模,但浸水脱模法不能用于测量密度、空隙率的各项物理指标。

⑧将试件仔细置于干燥洁净的平面上,供试验用。

a. 当集料公称最大粒径小于或等于 26.5mm 时,可直接取样(直接法),一组试件的数量通常为 4 个。当集料公称最大粒径大于 26.5mm,但不大于 31.5mm 时,宜将大于 26.5mm 的集料筛除后使用(过筛法),一组试件数量仍为 4 个,如采用直接法,一组试件的数量应增加至 6 个。当集料公称最大粒径大于 31.5mm 时,必须采用过筛法。过筛的筛孔为 26.5mm,一组试件仍为 4 个。

b. 标准击实法击实次数的规定:对高速公路、一级公路、城市快速路及主干路应两面各击 75 次;对其他等级公路与城市道路应两面各击 50 次;对行人道路,应两面各击 35 次。

4. 试验方法及计算

(1)马歇尔稳定度及流值试验。

1)试验方法:

①用卡尺(或试件高度测定器)测量试件直径和高度[如试件高度不符合(63.5±1.3)mm 要求或两侧高度差大于 2mm 时,此

试件应作废〕。

②将恒温水槽（或烘箱）调节至要求的试验温度，对黏稠石油沥青混合料为（60±1）℃，将试件置于已达规定温度的恒温水槽中保温30～40min。试件应垫起，离容器底部不小于5cm。

③将马歇尔试验仪的上下压头放入水槽（或烘箱）中达到同样温度。将上下压头从水槽（或烘箱）中取出擦拭干净内面。为使上下压头滑动自如，可在下压头的导棒上涂少量凡士林。再将试件取出置下压头上，盖上上压头，然后装在加载设备上。

④将流值测定装置安装在导棒上，使导向套管轻轻地压住上压头，同时将流值计读数调零。在上压头的球座上放妥钢球，并对准荷载测定装置（应力环或传感器）的压头，然后调整应力环中百分表对准零或将荷重传感器的读数复位为零。

⑤启动加载设备，使试件承受荷载，加载速度为（50±5）mm/min。当试验荷载达到最大值的瞬间，取下流值计，同时读取应力环中百分表或荷载传感器读数及流值计的流值读数（从恒温水槽中取出试件至测出最大荷载值的时间，不应超过30s）。

2）试验结果及计算：

①试件的稳定度及流值：由荷载测定装置读取的最大值即为试样的稳定度。当用应力环百分表测定时，根据应力环标定曲线，将应力环中百分表的读数换算为荷载值，即试件的稳定度（M_s），以kN计。

由流值计及位移传感器测定装置读取的试件垂直变形，即为试件的流值（F_L），以0.1mm计。

②试件的马歇尔模数：试件的马歇尔模数按下列公式计算：

$$T = \frac{M_s \times 10}{F_L}$$

式中 T ——试件的马歇尔模数（kN/mm）；

M_s——试件的稳定度（kN）；

F_L——试件的流值,0.1mm。

3)试验结果评定及试验报告:当一组测定值中某个数据与平均值之差大于标准差的 k 倍时,该测定值应予舍弃,并以其余测定值的平均值作为试验结果。当试验数目 n 为 3 个、4 个、5 个、6 个时,k 值分别为 1.15、1.46、1.67、1.82。

试验应报告马歇尔稳定度、流值、马歇尔模数,以及试件尺寸、试件的密度、空隙率、沥青用量、沥青体积百分率、沥青饱和度、矿料间隙率等各项物理指标。

(2)油石比(此处介绍离心抽提法)试验。

1)准备工作:

①在拌和厂从运料卡车采取沥青混合料试样,放在金属盘中适当拌和,待温度稍下降至 100℃ 以下时,用大烧杯取混合料试样质量为 1000~1500g,(粗粒式沥青混合料用高限,细粒式用低限,中粒式用中限),精确至 0.1g。

②如果试样是路上用钻机法或切割法取得的,应待其干燥,置微波炉或烘箱中适当加热后成松散状态取样,但不得用锤击以防集料破碎。

2)试验步骤:

①向蒸馏烧瓶中注入三氯乙烯溶剂,将其浸没,记录溶剂用量,浸泡 30min,用玻璃棒适当搅动混合料,使沥青充分溶解。可直接在离心分离器中浸泡。

②将混合料及溶液倒入离心分离器,用少量溶剂将烧杯及玻璃棒上的粘附物全部洗入分离容器中。

③称取洁净的圆环形滤纸质量,精确至 0.01g。应注意的是,滤纸不宜多次反复使用,有破损者不能使用,有石粉粘附时应用毛刷清除干净。`

④将滤纸垫在分离器边缘上,加盖紧固。在分离器出口处放上回收瓶。上口应注意密封,防止流出液成雾状散失。

⑤开动离心器,转速逐渐增加至 3000r/min,沥青溶液通过排除口注入回收瓶中,待流出停止后停机。

⑥从上盖的孔中加入新溶剂,数量相同。稍停 3～5min,重复上述操作,如此数次,直至流出的提取液成清澈的淡黄色为止。

⑦卸下上盖,取下圆环形滤纸,在通风橱或室内空气中蒸发后放入(105±5)℃烘箱中干燥,称取质量,其增重部分(m_2)为矿粉质量的一部分。

⑧将容器中的集料仔细取出,在通风橱或室内空气中蒸发后放入(105±5)℃烘箱中烘干(一般需要 4h),然后放入大干燥器中冷却至室温,称取集料的质量(m_1)。

⑨用压力过滤器过滤回收瓶中的沥青溶液,由滤纸的增重 m_3 得出泄漏入滤液中的矿粉,如无压力过滤器时,也可用燃烧法测定。

用燃烧法测定抽提液中矿粉质量的步骤如下:

a. 将烧瓶中的抽提液倒入量筒中,准确定量至(V_a)mL。

b. 充分搅匀抽提液,取出 10mL(V_b)放入坩埚中,在热浴上适当加热使溶液试样发成暗黑色后,置高温炉(500～600℃)中烧成残渣,取出坩埚冷却。

c. 向坩埚中按每 1g 残渣 5mL 的用量比例,注入碳酸铵饱和溶液,静置 1h,放入(105±5)℃炉中干燥。

d. 取出放在干燥器中冷却,称取残渣质量(m_4)。

沥青混合料中矿料的总质量按下列公式计算:

$$m_a = m_1 + m_2 + m_3$$

式中　m_a——沥青混合料中矿料部分的总质量(g);

　　　m_1——抽提后留下的矿料干燥质量(g);

　　　m_2——滤纸在试验前后的增重(g);

　　　m_3——泄漏入抽提液中的矿粉质量(g)。

　　　用燃烧法时可按下列公式计算:

$$m_3 = m_4 \times \frac{V_a}{V_b}$$

式中　m_4——坩埚中燃烧干燥的残渣质量（g）；

　　　V_a——抽提液的总量（mL）；

　　　V_b——取出的燃烧干燥的抽提液数量（mL）。

3）结果计算及评定：

①沥青混合料中的沥青含量按下列公式计算：

$$P_b = \frac{m - m_a}{m}$$

②油石比按下列公式计算：

$$P_a = \frac{m - m_a}{m_a}$$

以上两式中　m——沥青混合料的总质量（g）；

　　　　　　P_b——沥青混合料中的沥青含量（%）；

　　　　　　P_a——沥青混合料的油石比（%）。

③同一沥青混合料试样至少平行试验两次，取平均值作为试验结果。两次试验结果差值应小于 0.3%，当大于 0.3% 小于 0.5% 时，应补充平行试验一次，以 3 次试验的平均值为试验结果；3 次试验的最大值与最小值之差不得大于 0.5%。

（3）矿料级配试验。

1）试验步骤：将提取后的矿料试样（必要时采用四分法称取试样）称其质量 1～1.5kg，精确至 0.1g。

将标准筛带筛底置摇筛机上，并将矿质混合料置于筛内，盖妥筛盖后，压紧摇筛机，开动摇筛机筛分 10min。取下套筛后，按筛孔大小顺序，在一清洁的浅盘上再逐个进行手筛。手筛时可用手轻轻拍击筛框并经常的转动筛子，直至每分钟筛出量不超过筛上试样质量的 0.1% 时为止。但不允许用手将颗粒塞过筛孔，筛下的颗粒并入下一号筛，并和下一号筛中试样一起过筛。

称量各筛上筛余颗粒的质量，精确至 0.1g。需要注意的是，所有各筛的分计筛余量和底盘中剩余质量的总和与筛分前试样总质量相比,相差不得超过总质量的1%。

2)结果计算:

①试样的分计筛余百分率按下式计算:

$$P_i = \frac{m_i}{m} \times 100\%$$

式中　P_i——第i级试样的分计筛余百分率(%);

　　　m_i——第i级试样的分计筛余量;

　　　m——矿料总质量。

②累计筛余百分率:该号筛上的分计筛余百分率与大于该号筛的各号筛上的分计筛余百分率之和,精确至0.1%。

③通过筛分百分率:用100%减去该号筛上的累计筛余百分率,精确至0.1%。

④以筛孔尺寸为横坐标,各个筛孔的通过筛分百分率为纵坐标,绘制矿料组成级配曲线,如图9-4所示,评定该试样的颗粒组成。

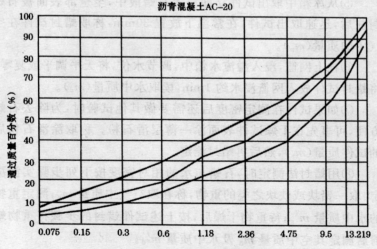

图9-4　沥青混合矿料组成级配曲线

3)试验结果评定:同一混合料至少取两个试样平行筛分试样两次,取平均值作为每号筛上筛余量的试样结果,报告矿料级配通过百分率及级配曲线(必要时)。

(4)密度试验。此处介绍蜡封法,蜡封法适用于测定吸水率大于 2% 的沥青混凝土。

1)试验方法与步骤:

①选择适宜的浸水天平或电子秤,最大称量应不小于试件质量的 1.25 倍,且不大于试件质量的 5 倍。

②称取干燥试件在空气中的质量(m_a),读取的准确度,要根据选择的天平由感量决定,分别为 0.1g、0.5g 或 5g,当为钻芯法取得的非干燥试件时,应用电风扇吹干 12h 以上至恒重作为在空气中的质量,但不得用烘干法。

③将试件置于冰箱中,在 4~5℃ 条件下冷却不少于 30min。

④将石蜡熔化至其熔点以上(5.5±0.5)℃。

⑤从冰箱中取出试件立即浸入石蜡液中,至全部表面被石蜡封住后,迅速取出试件,在常温下放置 30min,称取蜡封试件在空气中的质量(m_p)。

⑥挂上网篮,浸入溢流水箱中,调节水位,将天平调平或复零。将蜡封试件放入网篮浸水约 1min,读取水中质量(m_c)。

⑦如果试件在测定密度后还需要做其他试验时,为除去石蜡方便,可事先在干燥试件表面涂一薄层滑石粉。称取涂滑石粉后的试件质量(m_s),然后再蜡封测定。

⑧用蜡封法测定时,石蜡与水的相对密度按下列步骤实测决定:取一铅块或铁块之类的重物,称在取空气中质量 m_g;测定重物的水中质量 m'_g;待重物干燥后,按上述试件蜡封的步骤将重物蜡封后测定其空中质量 m_d 及水中质量 m'_d。

按下列公式计算石蜡与水的相对密度 γ_P:

$$\gamma_P = \frac{m_d - m_g}{(m_d - m_g) - (m'_d - m'_g)}$$

式中　γ_P——在常温条件下石蜡与水的相对密度；

m_g——重物在空气中的质量(g)；

m'_g——重物在水中质量(g)；

m_d——蜡封后重物在空气中的质量(g)；

m'_d——蜡封后重物在在水中质量(g)。

2)结果计算：计算试件的毛体积密度时，取 3 位小数。

①蜡封法测定的试件毛体积密度按下列公式计算：

$$\rho_s = \frac{m_a}{m_p - m_c - (m_p - m_a)/\gamma_p} \times m_d$$

②涂滑石粉后用蜡封法测定的试件毛体积相对密度按下列公式计算：

$$\rho_s = \frac{m_a}{m_p - m_c - [(m_p - m_s)/\gamma_p + (m_s - m_a)/\gamma_s]} \times m_d$$

以上两式中　ρ_s——试件的毛体积密度(g/cm³)；

m_a——试件在空气中的质量(g)；

m_p——蜡封试件在空气中的质量(g)；

m_c——蜡封试件在水中质量(g)；

m_s——试件涂滑石粉后在空气中的质量(g)

m_d——常温水的密度(1g/cm³)；

γ_s——滑石粉与水的相对密度。

3)试验结果报告：应在试验结果报告中注明沥青混合料的类型及采用的测定密度的方法。

(5)压实度试验。

①验收批划分及取样数量：每 2000cm² 检查一次，一次不少于钻一个孔。

②试验方法。用上述第 4 条密度试验方法得出密度值，该值

与该沥青混合料马歇尔标准密度值之比即为压实度,用百分数表示。

四、沥青混合料配合比设计方法

我国现行《公路沥青路面施工技术规范》(JTGF 40—2004)规定,热拌沥青混合料配合比设计采用马歇尔稳定度法。该法是首先按配合比设计拌制沥青混合料,然后制成规定尺寸试件,试件经12h测定其物理指标(包括表观密度、空隙率、沥青饱和度、矿料间隙率等),然后测定稳定度和流值,在必要时,还要进行动稳定度校核。

沥青混合料配合比设计包括目标配合比设计、生产配合比设计和生产配合比验证等三个阶段,通过配合比设计决定沥青混合料的材料品种、矿料级配及沥青用量。

(一)材料准备

按相关试验规程规定的取样方法,取足够数量的具有代表性的沥青及矿料试样。按《公路沥青路面施工技术规范》(JTGF 40—2004)材料质量的技术要求进行原材料试验,当检验不合格时,不得用于试验。

(二)矿质混合料的配合比组成设计

矿质混合料的配合比组成设计的目的是选配一个具有足够密实度并且有较高内摩阻力的矿质混合料,可以根据级配理论,计算出需要的矿质混合料的级配范围。但是为了应用已有的研究成果和实践经验,通常采用规范推荐的矿质混合料级配范围来确定。按现行规范规定按下列步骤进行:

1. 确定沥青混合料类型

沥青混合料类型根据道路等级、路面类型、所处的结构层位,按表9-9选定。

表 9-9 沥青混合料类型

结构层次	高速公路、一级公路、城市快速路、主干路		其他等级公路		一般城市道路及其他道路工程	
	三层式沥青混凝土路面	两层式沥青混凝土路面	沥青混凝土路面	沥青碎石路面	沥青混凝土路面	沥青碎石路面
上层面	AC-13 AC-16 AC-20	AC-13 AC-16 —	AC-13 AC-16 —	— — AM-13	AC-5 AC-13 —	— AM-5 AM-10
中层面	AC-20 AC-25	—	—	—	—	—
下层面	AC-25 AC-30	AC-20 AC-25 AC-30	— AC-20 AC-25 AC-30 AM-25 AM-30	AM-25 AM-30	AC-20 AM-25 AM-30	AM-25 AM-30 AM-40

2. 确定矿料的最大粒径

各国对沥青混合料的最大粒径（D）同路面结构层最小厚度（h）的关系均有规定,除个别国家规定矿料最大粒径分别为面层厚度的 0.6 倍与底基层厚度的 0.7 倍外,一般规定为 0.5 倍以下。我国研究表明:随 $h/D < 2$ 增大,耐疲劳性提高,但车辙量增大。相反随 h/D 减小,车辙量也减小,但耐久性降低,特别是在 $h/D < 2$ 时,疲劳耐久性急剧下降。为此建议结构层厚度 h 与最大粒径 D 之比应控制在 $h/D \geqslant 2$。尤其是在使用国产沥青时,h/D 就更接近于 2。例如最大粒径 30～35mm 的粗粒式沥青混凝土,某结构层厚度应大于 4～7cm;D 为 20～25mm 的中粒式沥青混凝土时,其

结构层厚度应大于 4~5cm；D 为 15mm 的细粒式沥青混凝土时，结构层厚度应为 3cm。只有控制了结构层厚度与最大粒径之比，才能拌和均匀，易于达到要求的密实度和平整度，保证施工质量。

3. 确定矿质混合料的级配范围

根据已确定沥青混凝土类型，查阅规范推荐的矿质混合料的级配范围。据表 9-10 即可确定所需的级配范围。

4. 矿质混合料配合比计算

组成材料的原始数据测定。根据现场取样，对粗集料、细集料和矿粉进行筛析试验。按筛析结果分别绘出各组成材料的筛分曲线，同时测出各组成材料的相对密度，以供计算物理常数备用。

计算组成材料的配合比。根据各组成材料的筛析试验结果资料，采用图解法或电算法，计算符合要求级配范围计算组成材料的用量比例。

调整配合比。计算得的合成级配应根据下列要求作必要的配合比调整。

(1)通常情况下，合成级配曲线宜尽量接近设计级配中限，尤其应使 0.075mm、2.36mm 和 4.75mm 筛孔的通过量尽量接近设计级配范围中限。

(2)对高速公路、一级公路、城市快速路、主干路等交通量大、轴载重的道路，宜偏向级配范围的下(粗)限。对一般道路、中小交通量或人行道路等宜偏向级配范围的上(细)限。

(3)合成级配曲线应接近连续或有合理的间断级配。不得有过多的犬牙交错。当经过再三调整仍有两个以上的筛孔超过级配范围时，必须对原材料进行调整或更换原材料重新设计。

5. 通过马歇尔试验确定沥青混合料的最佳沥青用量

沥青混合料的最佳沥青用量可以通过各种理论计算的方法求得。但是由于实际材料性质的差异，按理论公式计算得到的最佳沥青用量仍然要通过试验方法修正，因此理论方法只能得到一个

表9-10　沥青混合料矿料级配比沥青用量范围（方孔筛）

类别	级配类型	通过下列筛孔（方孔筛mm）的质量百分率（%）															沥青用量（%）
		53.0	37.5	31.5	26.5	19.0	16.0	13.2	9.5	4.75	2.36	1.18	0.6	0.3	0.15	0.075	
沥青混凝土（粗粒）	AC-30-I		100	90~100	79~92	66~82	59~77	52~72	43~63	32~52	25~42	18~32	13~25	8~18	5~13	3~7	4.0~6.0
沥青混凝土（粗粒）	II		100	90~100	65~85	52~70	45~65	38~58	30~50	18~38	12~28	8~20	4~14	3~11	2~7	1~5	3.0~5.0
沥青混凝土（粗粒）	AC-25I			100	95~100	75~90	62~80	53~73	43~63	32~52	25~42	18~32	13~25	8~18	5~13	3~7	4.0~6.0
沥青混凝土（中粒）	AC-20I				100	95~100	75~90	62~80	52~72	38~58	28~46	20~34	15~27	10~20	6~14	4~8	4.0~6.0
沥青混凝土（中粒）	II				100	90~100	65~85	52~70	40~60	26~45	16~33	11~25	7~18	4~13	3~9	2~5	3.5~5.5
沥青混凝土（中粒）	AC-16I					100	95~100	75~90	58~78	42~63	32~50	22~37	16~28	11~21	7~15	4~8	4.0~6.0
沥青混凝土（中粒）	II					100	90~100	65~85	50~70	30~50	18~35	12~26	7~19	4~14	3~9	2~5	3.5~5.5
沥青混凝土（细粒）	AC-13I						100	95~100	70~88	48~68	36~53	24~41	18~30	12~22	8~16	4~8	4.5~6.5
沥青混凝土（细粒）	II						100	90~100	60~80	34~52	22~38	14~28	8~20	5~14	3~10	2~6	4.0~6.0
沥青混凝土（细粒）	AC-10I							100	95~100	55~75	35~58	24~41	17~33	10~24	6~16	4~9	5.0~7.0
沥青混凝土（细粒）	II							100	100	90~100	40~60	25~45	15~30	9~22	4~10	2~6	4.5~6.5
沥青混凝土（砂粒）	AC-51								100	95~100	55~75	35~55	20~40	12~28	7~18	5~10	6.0~8.0
沥青碎石（特粗）	AM-40	100	90~100	50~80	30~54				13~38	8~30	2~15	0~10	0~8	0~6	0~5	0~4	2.5~4.0
沥青碎石（特粗）	AM-30		100	90~100	38~65	32~57		25~50	17~42	10~32	2~20	0~15	0~10	0~8	0~5	0~4	2.5~4.0
沥青碎石（粗粒）	AM-25			100	90~100	50~80	43~73	38~65	25~55	15~40	2~20	0~14	0~10	0~8	0~6	0~5	3.0~4.5
沥青碎石（中粒）	AM-20				100	90~100	60~85	50~75	40~65	18~42	5~22	1~16	0~12	0~10	0~8	0~5	3.0~4.5
沥青碎石（细粒）	AM-16					100	90~100	60~85	45~68	18~42	6~25	1~18	1~14	0~10	0~8	0~5	3.0~4.5
沥青碎石（细粒）	AM-13						100	90~100	50~80	20~45	8~28	2~20	2~15	0~10	0~8	0~5	3.0~4.5
沥青碎石（细粒）	AM-10							100	85~100	35~65	10~35	2~22	2~16	0~12	0~9	0~6	3.0~4.5
抗滑表层	AK-13A						100	90~100	60~80	30~53	20~40	15~30	10~23	7~18	5~12	4~8	3.5~4.5
抗滑表层	AK-13B						100	85~100	50~70	18~40	10~30	8~22	5~15	3~12	3~9	2~6	3.5~5.5
抗滑表层	AK-16					100	90~100	60~82	45~70	25~45	15~35	10~25	8~18	6~13	4~10	3~7	3.5~5.5

供试验参考的数据。采用试验方法确定沥青最佳用量目前最常用的方法有维姆法和马歇尔法。

我国现行《公路沥青路面施工技术规范》(JTGF 40－2004)规定的方法，是在马歇尔法和美国沥青学会方法的基础上，结合我国多年研究成果和生产实践总结发展起来的更为完善的方法，该法确定沥青最佳用量按下列步骤。

(1)制备试样。

①按确定的矿质混合料配合比计算各种矿质材料的用量。

②根据表 9-10 推荐的沥青用量(或经验的沥青用量范围)，估计适宜的沥青用量(或油石比)。

(2)测定物理、力学指标。以估计沥青用量为中值，以 0.5%间隔上下变化沥青用量制备马歇尔试件不少于 5 组。然后在规定的试验温度及试验时间内用马歇尔仪测定稳定度和流值，同时计算空隙率、饱和度及矿料间隙率。

(3)马歇尔试验结果分析。

①绘制沥青用量与物理力学指标关系图，以沥青用量为横坐标，以视密度、空隙率、饱和度、稳定度、流值为纵坐标。将试验结果绘制成沥青用量与各项指标的关系曲线，如图 9-5 所示。

②从图 9-5 中求取相应于稳定度最大值的沥青用量 a_1、相应于密度最大的沥青用量 a_2 以及相应于规定空隙率范围中值沥青用量 a_3，求取三者平均值作为最佳沥青混合料的初始值 OAC_1：

$$OAC_1 = (a_1 + a_2 + a_3)/3$$

③求出各项指标符合沥青混合料技术标准的沥青用量范围 $OAC_{min} \sim OAC_{max}$，其中值为 OAC_2，即：

$$OAC_2 = (OAC_{min} + OAC_{max})/2$$

④根据 OAC_1 和 OAC_2 综合确定沥青最佳用量(OAC)，按最佳沥青用量的初始值 OAC_1 在图中求取相应的各项指标，检查其是否符合规定的马歇尔设计配合比技术标准。同时检验沥青混凝

土的矿料间隙 VMA 是否符合要求,如符合时,由 OAC_1 和 OAC_2 综合决定最佳沥青用量。如不能符合,应调整级配,重新进行配合比设计马歇尔试验,直至各项指标均能符合要求为止。

⑤根据气候条件和交通特性调整最佳沥青用量。由 OAC_1 和 OAC_2 综合决定最佳沥青用量 OAC 时,还应根据实践经验和道路等级、气候条件考虑所属情况进行调整。对热区道路以及车辆渠化交通的高速公路、一级公路、城市快速路、主干路,预计有可能造成较大车辙的情况时,可以在中限值 OAC_2 与下限值 OAC_{min} 范围内决定,但一般不宜小于中限值 OAC_2 的 0.5%。

对寒区道路以及一般道路,最佳沥青用量可以在中限值 OAC_2 与上限值 OAC_{max} 范围内决定,但一般不宜大于中限值的 0.3%。

6. 水稳定性检查

按最佳沥青用量 OAC 制作马歇尔试件进行浸水马歇尔试验(或真空饱水马歇尔试验),检查其残留稳定度是否合格。

如最佳沥青用量 OAC 与两个初始值 OAC_1、OAC_2 相差甚大时,宜将 OAC 与 OAC_1 或 OAC_2 分别制作试件,进行残留稳定度试验。我国现行规定,Ⅰ型沥青混凝土残留稳定度不低于 75%,Ⅱ型沥青混凝土不低于 70%。如不符合要求,应重新进行配合比设计,或者采用掺加抗剥剂方法来提高水稳定性。

7. 抗车辙能力检验

按最佳沥青用量 OAC 制作车辙试验试件,按《公路工程沥青及沥青混合料试验规程》(JTJ 052—2000)方法,在 60℃ 条件下用车辙试验相对设计的沥青用量检验其动稳定度。

用最佳沥青用量 OAC 与两个初始值 OAC_1、OAC_2 分别制作试件进行车辙试验。我国现行《公路沥青路面施工技术规范》(JTGF 40—2004)规定,用于上、中面层的沥青混凝土,在 60℃ 时车辙试验的动稳定度如下:

对高速公路、城市快速路不小于 800 次/mm；对一级公路及城市主干路宜不小于 600 次/mm。如不符合上述要求，应对矿料集配致沥青用量进行调整，重新进行主配合比设计。

经反复调整及综合以上试验结果，并参考以往工程经验，综合决定矿料级配和最佳沥青用量。

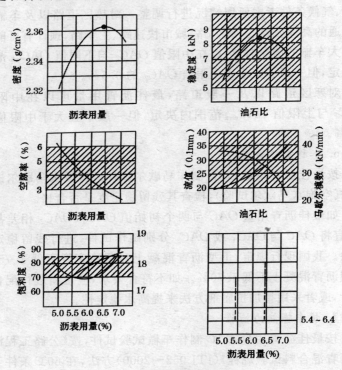

图 9-5　马歇尔试验结果示例

附录 建筑材料试验报告表

表 C6-1 土工击实试验报告

资料编号			
试验编号			
委托编号			
工程名称部位		试样编号	
委托单位		试验委托人	
结构类型		填土部位	
要求压实系数 （λ_c）		土样种类	
来样日期		试验日期	
试验结果	最优含水量（ω_{op}）= %		
	最大干密度（ρ_{dmax}）= g/cm³		
	控制指标（控制干密度） 最大干密度×要求压实系数= g/cm³		
结论：			
批准		审核		试验	
试验单位			
报告日期			

注：本表由检测机构提供。

表 C6-2　回填土试验报告

资料编号										
试验编号										
委托编号										
工程名称部位										
委托单位				试验委托人						
要求压实系数（λ_c）				回填土种类						
控制干密度（ρ_d）	g/cm³			试验日期						
点号　项目　步数					实测干密度（g/cm³）					
					实测压实系数					

取样位置简图:（附）

结论:

批准		审核		试验	
试验单位					
报告日期					

注:本表由检测机构提供。

表 C6-3　钢筋连接试验报告

试验编号									
委托编号									
工程名称及部位			试件编号						
委托单位			试验委托人						
接头类型			检验形式						
设计要求 接头性能等级			代表数量						
连接钢筋种类 及牌号		公称直径 （mm）			原材试验编号				
操作人		来样日期			试验日期				

接头试件			母材试件		弯曲试件			备　注	
公称 面积 （mm²）	抗拉 强度 （MPa）	断裂特征 及位置	实测 面积 （mm²）	抗拉 强度 （MPa）	弯心 直径	角度	结果		

结论：

批准		审核		试验	
试验单位					
报告日期					

注：本表由检测机构提供。

表 C6-4　砂浆配合比申请单

资料编号		
委托编号		
工程名称及部位		
委托单位	试验委托人	
砂浆种类	强度等级	
水泥品种	厂　别	
水泥进场日期	试验编号	
砂产地	粗细级别	试验编号
掺和料种类	外加剂种类	
申请日期	要求使用日期	

表 C6-5　砂浆配合比通知单

配合比编号					
试配编号					
强度等级			试验日期		
配合比					
材料名称	水泥	砂	白灰膏	掺和料	外加剂
每立方米用量（kg/m³）					
比例					

注：砂浆稠度为 70～100mm，白灰膏稠度为 (120±5)mm。

说明		审核		试验	
试验单位					
报告日期					

注：本表由检测机构提供。

表 C6-6 砂浆抗压强度试验报告

资料编号							
试验编号							
委托编号							
工程名称及部位				试件编号			
委托单位				试验委托人			
砂浆种类		强度等级			稠度		
水泥品种及强度等级				试验编号			
砂产地及种类				试验编号			
掺和料种类				外加剂种类			
配合比编号							
试件成型日期			要求龄期(d)			要求试验日期	
养护条件			试件收到日期			试件制作人	

试验结果	试压日期	实际龄期(d)	试件边长(mm)	受压面积(mm²)	荷载(kN) 单块	荷载(kN) 平均	抗压强度(MPa)	达设计强度等级(%)

备注:

批准		审核		试验	
试验单位					
报告日期					

注:本表由检测机构提供。

表 C6-7　砌筑砂浆试块强度统计、评定记录

资料编号								
工程名称				强度等级				
施工单位				养护方法				
统计期	年　月　日至　年　月　日			结构部位				
试块组数 n	强度标准值 f_2（MPa）		平均值 $f_{2,m}$（MPa）		最小值 $f_{2,min}$（MPa）		$0.75f_2$	
每组 强度 值 （MPa）								
判定式	$f_{2,m} \geqslant f_2$				$f_{2,min} \geqslant 0.75f_2$			
结果								
结论：								
	批准		审核			统计		
报告日期								

注：本表施工单位填写。

296

表 C6-8　混凝土配合比申请单

资料编号			
委托编号			
工程名称及部位			
委托单位		试验委托人	
设计强度等级		要求坍落度或扩展度	
其他技术要求			
搅拌方法	浇捣方法		养护方法
水泥品种及强度等级	厂别牌号		试验编号
砂产地及种类			试验编号
石产地及种类	最大粒径(mm)		试验编号
外加剂名称			试验编号
掺和料名称			试验编号
申请日期	使用日期		联系电话

表 C6-9　混凝土配合比通知单

配合比编号						
试配编号						
强度等级		水胶比		水灰比		砂率
材料名称 项目	水泥	水	砂	石	外加剂	掺和料
每 m³ 用量 (kg/m³)						
每盘用量(kg)						
混凝土碱含量 (kg/m³)	注:此栏只有遇Ⅱ类工程(按京建科[1999]230 号规定分类)时填写					
说明:本配合比所使用材料均为干材料,使用单位应根据材料含水情况随时调整。						
批　准		审　核		试　验		
试验单位						
报告日期						

注:本表由检测机构提供。

表 C6-10　混凝土抗压强度试验报告

资料编号				
试验编号				
委托编号				
工程名称及部位		试件编号		
委托单位		试验委托人		
设计强度等级		实测坍落度扩展度		
水泥品种及强度等级		试验编号		
砂种类		试验编号		
石种类、公称直径		试验编号		
外加剂名称		试验编号		
掺和料名称		试验编号		
配合比编号				

成型日期		要求龄期(d)		要求试验日期	
养护方法		收到日期		试块制作人	

试验结果	试验日期	实际龄期(天)	试件边长(mm)	受压面积(mm²)	荷载(KN)		平均抗压强度(MPa)	折合150mm立方体抗压强度(MPa)	达到设计强度等级(%)
					单块值	平均值			

备注：				
批准		审核	试验	
试验单位				
报告日期				

注：本表由检测机构提供。

表 C6-11 混凝土试块强度统计、评定记录

资料编号							
工程名称			强度等级				
施工单位			养护方法				
统 计 期	年 月 日至 年 月 日		结构部位				
试块组 n	强度标准值 $f_{cu,k}$(MPa)	平均值 $m_{f_{cu}}$(MPa)	标准差 $S_{f_{cu}}$(MPa)	最小值 $f_{cu,min}$(MPa)		合格判定系数	
						λ_1	λ_2
每组 强度 值 MPa							
评定 界限	□统计方法(二)			□非统计方法			
	$0.90f_{cu,k}$	$m_{f_{cu}}-\lambda_1 \times S_{f_{cu}}$	$\lambda_2 \times f_{cu,k}$	$1.15f_{cu,k}$		$0.95f_{cu,k}$	
判定式	$m_{f_{cu}}-\lambda_1 \times S_{f_{cu}}$ $\geqslant 0.90f_{cu,k}$	$f_{cu,min}\geqslant\lambda_2 \times f_{cu,k}$		$m_{f_{cu}}\geqslant 1.15f_{cu,k}$		$f_{cu,min}\geqslant 0.95f_{cu,k}$	
结果							

结论:

批准	审核	统计

报告日期

注:本表由施工单位填写。

表 C6-12　混凝土抗渗试验报告

资料编号				
试验编号				
委托编号				
工程名称及部位			试件编号	
委托单位			试验委托人	
抗渗等级			配合比编号	
强度等级		养护条件	收样日期	
成型日期		龄期(d)	试验日期	
试验情况：				
结论：				
批准		审核		试验	
试验单位				
报告日期				

注：本表由检测机构提供。

300

表 C6-13 饰面砖粘结强度试验报告

资料编号							
试验编号							
委托编号							
工程名称			试件编号				
委托单位			试验委托人				
饰面砖品种及牌号			粘贴层数				
饰面砖生产厂及规格			粘贴面积（mm²）				
基体材料		粘结材料			粘 结 剂		
抽样部位		龄期(d)			施工日期		
检验类型		环境温度(℃)			试验日期		
仪器及编号							

序号	试件尺寸(mm)		受力面积（mm²）	拉力（kN）	粘结强度（MPa）	破坏状态	平均强度（MPa）
	长	宽					

结论：

批准		审核		试验	
试验单位					
报告日期					

注：本表由检测机构提供。

表 C6-14 超声波探伤报告

资料编号			
试验编号			
委托编号			
工程名称及部位			
委托单位		试验委托人	
构件名称		检测部位	
材　质		板厚（mm）	
仪器型号		试　块	
耦　合　剂		表面补偿	
表面状况		执行处理	
探头型号		探伤日期	

探伤结果及说明：

批准		审核		试验	
试验单位					
报告日期					

注：本表由检测机构提供。

附录 建筑材料试验报告表

表 C6-15 超声波探伤记录

资料编号										
工程名称				报告编号						
施工单位				检测单位						
焊缝编号 （两侧）	板厚 （mm）	折射角 （度）	回波 高度	X （mm）	D （mm）	Z （mm）	L （mm）	级别	评定 结果	备注
批准		审核		检测			检测单位名称 （公章）			
报告日期										

注：本表由检测机构提供。

表 C6-16　钢构件射线探伤报告

资料编号			
试验编号			
委托编号			
工程名称			
委托单位		试验委托人	
检测单位		检测部位	
构件名称		构件编号	
材　质	焊缝形式	板厚（mm）	
仪器型号	增感方式	像质计型号	
胶片型号	像质指数	黑　度	
评定标准	焊缝全长	探伤比例与长度	

探伤结果：

底片编号	黑度	灵能度	主要缺陷	评级	示意图：
					备注：

批准		审核		试验	
试验单位					
报告日期					

注：本表由检测机构提供。

表 C6-17 灌(满)水试验记录

资料编号			
工程名称		试验日期	
试验项目		试验部位	
材 质		规 格	

试验要求：

试验记录：

试验结论：

签字栏	施工单位			专业技术负责人	专业质检员	专业工长
	建设(监理)单位				专业工程师	

注：本表由施工单位填写。

表 C6-18 强度严密性试验记录

资料编号		
工程名称		试验日期	
试验项目		试验部位	
材　质		规　格	

试验要求：

试验记录：

试验结论：

签字栏	施工单位			专业技术负责人	专业质检员	专业工长
	建设（监理）单位				专业工程师	

注：本表由施工单位填写。

表 C6-19 通水试验记录

资料编号			
工程名称		试验日期	
试验项目		试验部位	

试验系统简述及试验要求：

试验记录：

试验结论：

签字栏	施工单位			专业技术负责人	专业质检员	专业工长
	建设（监理）单位				专业工程师	

注：本表由施工单位填写。

307

表 C6-20 冲(吹)洗试验记录

资料编号					
工程名称			试验日期		
试验项目			试验介质		

试验要求：

试验记录：

试验结论：

签字栏				专业技术负责人	专业质检员	专业工长
	施工单位					
	建设(监理)单位				专业工程师	

注：本表由施工单位填写。

308

表 C6-21 通球试验记录

资料编号			
工程名称		试验日期	
试验项目		管道材质	

试验要求：

试验部位	管段编号	通球管道管径（mm）	通球球径（mm）	通球情况

试验结论：

签字栏	施工单位		专业技术负责人	专业质检员	专业工长
	建设（监理）单位		专业工程师		

注：本表由施工单位填写。